中国科协碳达峰碳中和系列丛书

中国科学技术协会　丛书主编

碳汇与碳市场
导论

张守攻 ◎ 主编

陈幸良 ◎ 执行主编

U0188817

中国科学技术出版社

·北　京·

图书在版编目（CIP）数据

碳汇与碳市场导论 / 张守攻主编；陈幸良执行主编 . --
北京：中国科学技术出版社，2023.5
（中国科协碳达峰碳中和系列丛书）
ISBN 978-7-5236-0233-1

Ⅰ.①碳…　Ⅱ.①张…　②陈…　Ⅲ.①二氧化碳－排
气－研究－中国　Ⅳ.① X511

中国国家版本馆 CIP 数据核字（2023）第 077366 号

策　　划	刘兴平　秦德继
责任编辑	彭慧元
封面设计	北京潜龙
正文设计	中文天地
责任校对	焦　宁
责任印制	李晓霖

出　　版	中国科学技术出版社
发　　行	中国科学技术出版社有限公司发行部
地　　址	北京市海淀区中关村南大街 16 号
邮　　编	100081
发行电话	010-62173865
传　　真	010-62173081
网　　址	http://www.cspbooks.com.cn

开　　本	787mm×1092mm　1/16
字　　数	220 千字
印　　张	11
版　　次	2023 年 5 月第 1 版
印　　次	2023 年 5 月第 1 次印刷
印　　刷	北京长宁印刷有限公司
书　　号	ISBN 978-7-5236-0233-1 / X・154
定　　价	69.00 元

《碳汇与碳市场导论》
编写组

主　编

张守攻　中国工程院院士，中国林业科学院原院长

执行主编

陈幸良　中国林学会副理事长兼秘书长，研究员

副　主　编

王　枫　中国林学会咨询部副主任，高级工程师

曾祥谓　中国林学会学术部主任，教授级高级工程师

写作组主要成员（按姓氏笔画排序）

刁玉杰	马　乔	马　煦	王立平	王军辉	王秀珍	王　妍
王　枫	王泽成	王高峰	王　锋	毛方杰	方朝君	石　焱
叶　晔	田丹宇	史明威	吕昊东	朱建华	伦嘉云	刘兰翠
刘伯翰	刘　茜	杜华强	李　伟	李建平	李　彦	李　莉
李睿男	吴水荣	沈瑾兰	宋香静	张　贤	张　超	张九天
张龙强	张守攻	张　颖	陆　霁	陆诗建	陈　远	陈幸良
林昆仑	周小舟	周　涛	赵欣胜	柴麒敏	徐　林	郭同方
黄雅莉	盛春光	梁生康	彭红军	彭雪婷	董云伟	董世魁
曾祥谓	解瑞丽	翟夏杰				

总　序

中国政府矢志不渝地坚持创新驱动、生态优先、绿色低碳的发展导向。2020年9月，习近平主席在第七十五届联合国大会上郑重宣布，中国"二氧化碳排放力争于2030年前达到峰值，努力争取2060年前实现碳中和"。2022年10月，党的二十大报告在全面建成社会主义现代化强国"两步走"目标中明确提出，到2035年，要广泛形成绿色生产生活方式，碳排放达峰后稳中有降，生态环境根本好转，美丽中国目标基本实现。这是中国高质量发展的内在要求，也是中国对国际社会的庄严承诺。

"双碳"战略是以习近平同志为核心的党中央统筹国内国际两个大局作出的重大决策，是我国加快发展方式绿色转型、促进人与自然和谐共生的需要，是破解资源环境约束、实现可持续发展的需要，是顺应技术进步趋势、推动经济结构转型升级的需要，也是主动担当大国责任、推动构建人类命运共同体的需要。"双碳"战略事关全局、内涵丰富，必将引发一场广泛而深刻的经济社会系统性变革。

2022年3月，国家发布《氢能产业发展中长期规划（2021—2035年）》，确立了氢能作为未来国家能源体系组成部分的战略定位，为氢能在交通、电力、工业、储能等领域的规模化综合应用明确了方向。氢能和电力在众多一次能源转化、传输与融合交互中的能源载体作用日益强化，以汽车、轨道交通为代表的交通领域正在加速电动化、智能化、低碳化融合发展的进程，石化、冶金、建筑、制冷等传统行业逐步加快绿色转型步伐，国际主要经济体更加重视减碳政策制定和碳汇市场培育。

为全面落实"双碳"战略的有关部署，充分发挥科协系统的人才、组织优势，助力相关学科建设和人才培养，服务经济社会高质量发展，中国科协组织相关全国学会，组建了由各行业、各领域院士专家参与的编委会，以及由相关领域一线科研教育专家和编辑出版工作者组成的编写团队，编撰"双碳"系列丛书。

丛书将服务于高等院校教师和相关领域科技工作者教育培训，并为"双碳"战略的政策制定、科技创新和产业发展提供参考。

"双碳"系列丛书内容涵盖了全球气候变化、能源、交通、钢铁与有色金属、石化与化工、建筑建材、碳汇与碳中和等多个科技领域和产业门类，对实现"双碳"目标的技术创新和产业应用进行了系统介绍，分析了各行业面临的重大任务和严峻挑战，设计了实现"双碳"目标的战略路径和技术路线，展望了关键技术的发展趋势和应用前景，并提出了相应政策建议。丛书充分展示了各领域关于"双碳"研究的最新成果和前沿进展，凝结了院士专家和广大科技工作者的智慧，具有较高的战略性、前瞻性、权威性、系统性、学术性和科普性。

2022 年 5 月，中国科协推出首批 3 本图书，得到社会广泛认可。本次又推出第二批共 13 本图书，分别邀请知名院士专家担任主编，由相关全国学会和单位牵头组织编写，系统总结了相关领域的创新、探索和实践，呼应了"双碳"战略要求。参与编写的各位院士专家以科学家一以贯之的严谨治学之风，深入研究落实"双碳"目标实现过程中面临的新形势与新挑战，客观分析不同技术观点与技术路线。在此，衷心感谢为图书组织编撰工作作出贡献的院士专家、科研人员和编辑工作者。

期待"双碳"系列丛书的编撰、发布和应用，能够助力"双碳"人才培养，引领广大科技工作者协力推动绿色低碳重大科技创新和推广应用，为实施人才强国战略、实现"双碳"目标、全面建设社会主义现代化国家作出贡献。

中国科协主席　万　钢

2023 年 5 月

前　言

　　"双碳"战略是党中央国务院经过深思熟虑作出的重大战略决策，事关中华民族永续发展和构建人类命运共同体。党的二十大报告提出，"积极稳妥推进碳达峰碳中和"。立足新发展阶段，完整、准确、全面贯彻新发展理念，处理好发展和减排、政府和市场的关系，不断提升碳汇能力，健全碳交易市场体系是今后一段时期我国发展的重要主题，也是支撑 2030 年前实现碳达峰、2060 年前实现碳中和目标的重要举措。

　　碳汇是指通过植树造林、植被恢复等生态措施和工业固碳手段吸收大气中的二氧化碳，从而减少温室气体在大气中浓度的过程、活动或机制。碳市场是以二氧化碳排放权为主要商品进行排放权交易的市场，当前碳市场已经成为解决以二氧化碳为代表的温室气体减排问题的新路径。如期实现碳中和，必须要全方位提升碳汇能力，强化生态系统碳汇、工业固碳和碳交易的联动。要坚持系统治理的观念，提高生态系统的质量和稳定性，巩固生态系统的固碳作用，提升生态系统的碳汇增量。要加快先进技术研发、推广和应用，开展二氧化碳捕集利用与封存等技术创新，实现全流程、集成化、规模化二氧化碳捕集利用与封存。要深入开展陆地和海洋生态系统碳汇基础理论、基础方法、前沿颠覆性技术研究，建立健全能够体现碳汇价值的生态保护补偿机制，研究制定碳汇项目参与全国碳排放权交易相关规则。

　　为全面贯彻落实习近平总书记的生态文明思想，贯彻落实党中央、国务院关于"双碳"工作有关部署和党的二十大精神，推进生态文明建设，按照中国科学技术协会的要求，中国林学会自 2022 年 12 月开始着手组织专家编写本书，为普及"双碳"知识、提高国民绿色生活意识、促进经济社会发展、实现"双碳"目标贡献力量。本书分为生态碳汇、工业固碳和碳市场三篇。其中，生态碳汇篇（1—6 章）分析了生态碳汇的基本概念和发展趋势，从森林、草原、湿地、荒漠、海洋等方面，分析其碳汇的现状、问题、潜力和增汇对策措施；工业固碳篇

（7—9章）介绍了工业减排、碳捕集、利用与封存（CCUS）技术的概念、技术原理与国内外发展现状，CCUS技术发展面临的问题与挑战，提出了CCUS的发展战略；碳市场篇（10—14章）介绍了碳交易、碳市场的作用及运行机理，全球碳市场的发展历程及现状，国际碳汇市场的形成和发展前景，中国碳市场发展历程交易、定价等机制，碳汇市场概况和发展历程、现状，提出有关政策和可行路径。

本书由中国工程院院士、中国林业科学研究院原院长张守攻研究员担任主编，中国林学会副理事长兼秘书长陈幸良研究员担任执行主编，中国林学会高级工程师王枫、教授级高级工程师曾祥谓担任副主编。中国林学会负责全书整体框架设计，各章节具体负责人分别为：第1章、第2章、第4章和第5章为中国林业科学研究院吴水荣研究员、朱建华研究员、李伟研究员、王锋研究员，浙江农林大学杜华强教授参编第2章；第3章为北京林业大学董世魁教授，第6章为中国海洋大学李建平教授、董云伟教授、梁生康教授和刘茜副教授，第7—9章为中国环境学会碳捕集、利用与封存专业委员会及相关专家，第10章为南京林业大学彭红军教授，第11章和第12章为东北林业大学黄颖利教授，第13章和第14章为北京林业大学张颖教授。中国林学会高级工程师王枫负责书稿的统稿。

由于碳汇和碳市场的内涵与实践范畴十分庞杂，国内对学科体系尚没有完全达成共识，加之作者水平所限，书中难免存在不足之处，真诚欢迎各位行业同仁提出宝贵意见，以便日后进一步完善。

张守攻

2023年5月

目　录

总　序 ⋯⋯⋯⋯⋯⋯⋯⋯⋯⋯⋯⋯⋯⋯⋯⋯⋯⋯⋯⋯⋯⋯⋯⋯⋯⋯⋯⋯⋯⋯⋯ 万　钢

前　言 ⋯⋯⋯⋯⋯⋯⋯⋯⋯⋯⋯⋯⋯⋯⋯⋯⋯⋯⋯⋯⋯⋯⋯⋯⋯⋯⋯⋯⋯⋯⋯ 张守攻

第一篇　生态碳汇

第1章　生态碳汇概述 ⋯⋯⋯⋯⋯⋯⋯⋯⋯⋯⋯⋯⋯⋯⋯⋯⋯⋯⋯⋯⋯⋯ **003**

　　1.1　生态碳汇基本概念 ⋯⋯⋯⋯⋯⋯⋯⋯⋯⋯⋯⋯⋯⋯⋯⋯⋯⋯ 003

　　1.2　生态碳汇发展趋势 ⋯⋯⋯⋯⋯⋯⋯⋯⋯⋯⋯⋯⋯⋯⋯⋯⋯⋯ 006

　　1.3　生态碳汇管理 ⋯⋯⋯⋯⋯⋯⋯⋯⋯⋯⋯⋯⋯⋯⋯⋯⋯⋯⋯⋯ 008

第2章　森林碳汇 ⋯⋯⋯⋯⋯⋯⋯⋯⋯⋯⋯⋯⋯⋯⋯⋯⋯⋯⋯⋯⋯⋯⋯⋯ **015**

　　2.1　中国森林碳汇现状 ⋯⋯⋯⋯⋯⋯⋯⋯⋯⋯⋯⋯⋯⋯⋯⋯⋯⋯ 015

　　2.2　中国森林碳汇潜力 ⋯⋯⋯⋯⋯⋯⋯⋯⋯⋯⋯⋯⋯⋯⋯⋯⋯⋯ 018

　　2.3　中国森林固碳增汇的对策与措施 ⋯⋯⋯⋯⋯⋯⋯⋯⋯⋯ 019

第3章　草原碳汇 ⋯⋯⋯⋯⋯⋯⋯⋯⋯⋯⋯⋯⋯⋯⋯⋯⋯⋯⋯⋯⋯⋯⋯⋯ **024**

　　3.1　中国草原碳汇现状 ⋯⋯⋯⋯⋯⋯⋯⋯⋯⋯⋯⋯⋯⋯⋯⋯⋯⋯ 024

　　3.2　草原生态系统固碳机制 ⋯⋯⋯⋯⋯⋯⋯⋯⋯⋯⋯⋯⋯⋯⋯ 026

　　3.3　草原碳汇问题 ⋯⋯⋯⋯⋯⋯⋯⋯⋯⋯⋯⋯⋯⋯⋯⋯⋯⋯⋯⋯ 028

　　3.4　草原碳汇展望 ⋯⋯⋯⋯⋯⋯⋯⋯⋯⋯⋯⋯⋯⋯⋯⋯⋯⋯⋯⋯ 030

第4章 湿地碳汇 ··· **033**

4.1 湿地碳汇的定义与功能 ·································033

4.2 我国典型湿地碳汇情况分析 ·························034

4.3 湿地碳汇潜力评估 ···································035

4.4 我国湿地增汇技术途径 ·······························036

4.5 我国湿地增汇对策措施 ·······························037

第5章 荒漠碳汇 ··· **039**

5.1 荒漠碳汇现状 ·······································039

5.2 荒漠碳汇潜力 ·······································040

5.3 荒漠固碳增汇提升对策措施 ·························042

第6章 海洋碳汇 ··· **045**

6.1 海洋碳汇发展现状 ···································045

6.2 问题与挑战 ···048

6.3 潜力、增汇对策措施 ·································051

第二篇 工业固碳

第7章 CCUS技术体系 ··· **057**

7.1 CO_2 捕集技术 ····································057

7.2 CO_2 运输技术 ····································061

7.3 CO_2 封存技术 ····································061

7.4 CO_2 利用技术 ····································061

第8章 CCUS发展现状 ··· **066**

8.1 国内外 CCUS 技术发展现状 ·························066

8.2 国内外 CCUS 工程发展现状 ·························071

8.3 国内外政策发展现状 ·································074

8.4　CCUS 成本现状与趋势 ……………………………………076

8.5　CCUS 收益机制与趋势 ……………………………………080

第9章　CCUS发展战略 **083**

9.1　CCUS 与其他产业耦合发展 ………………………………083

9.2　CCUS 与碳市场衔接 ………………………………………086

9.3　CCUS 的战略举措 …………………………………………089

第三篇　碳市场

第10章　碳交易与碳汇交易 **093**

10.1　碳交易原理、机制和作用 …………………………………093

10.2　碳汇交易背景、实质和运行机制 …………………………101

第11章　全球碳市场 **104**

11.1　全球碳市场发展现状及展望 ………………………………104

11.2　主要国家和地区碳市场介绍 ………………………………106

第12章　全球碳汇市场 **113**

12.1　全球碳汇市场发展历程、现状及展望 ……………………113

12.2　全球碳汇主要市场机制介绍 ………………………………119

第13章　中国碳市场 **124**

13.1　中国碳市场概况 ……………………………………………124

13.2　中国碳交易试点及其发展 …………………………………126

13.3　中国碳交易市场机制 ………………………………………130

13.4　中国碳交易市场类型 ………………………………………133

13.5　中国碳交易现状 ……………………………………………135

13.6　中国碳市场建设及前景 ……………………………………138

第14章　中国碳汇市场 **141**

　14.1　中国碳汇市场概况 141

　14.2　中国碳汇市场交易类型及其市场规模 145

　14.3　中国碳汇市场面临的主要挑战及治理 149

参考文献 **154**

第一篇　生态碳汇

第1章 生态碳汇概述

对于"碳汇"还没有严格的定义，目前比较常见的定义有以下几种：第一种认为碳汇是一种系统。在碳循环系统中，将吸收、贮存二氧化碳（CO_2）的系统或区域称为"碳汇"。第二种认为碳汇是一种动态机制。碳汇是任何能从大气中清除温室气体、气溶胶或温室气体前期物的过程、活动、机制等。第三种认为碳汇是一种状态。在整个碳循环过程中，如果与外界进行碳交换时所处的状态体现为对外界碳的净吸收，则为碳汇。还有一种理解是，在国际社会中为遏制温室气体排放增长所采取的重要手段，也可以将"碳信用"理解为"碳排放交易额"。生态碳汇是对传统碳汇概念的拓展和创新，不仅包含森林碳汇，还包括草原、湿地、荒漠、海洋等生态系统对碳吸收的贡献，以及土壤、冻土对碳储存和碳固定的维持作用，强调各类生态系统及其相互关联的整体对全球碳循环的平衡和维持作用。

1.1 生态碳汇基本概念

生态碳汇主要包括陆地生态系统碳汇（简称陆地碳汇）和海洋生态系统碳汇（简称海洋碳汇）两大重要组成部分，即"绿碳"和"蓝碳"。

1.1.1 陆地生态系统碳汇

陆地生态系统碳汇一般指陆地绿色植物通过光合作用固定 CO_2，并将其固定、储存在陆地的过程、活动和机制，包括森林、草原、湿地、荒漠、农田等生态系统碳汇（图 1.1）。

森林是陆地生态系统中最大的碳库，年固碳量约占陆地生态系统固碳总量的 2/3。森林碳汇是指通过植树造林、植被恢复等措施吸收大气中的 CO_2，从而降低温室气体在大气中的浓度的过程、活动或机制。政府间气候变化专门委员会（IPCC）在第五次评估报告中指出：未来 30～50 年，提升林业碳汇能力是增加碳

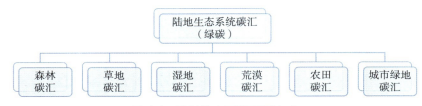

图 1.1　陆地生态系统碳汇构成

汇、降低碳排放成本的相对经济可行的重要措施。

　　草地作为陆地生态系统的重要组成部分，在陆地碳循环过程中起着重要作用。全球草地面积约占陆地总面积的 20%，其碳储量约占全球陆地碳储总量的 23%。在草地生态系统中，绿色植物通过光合作用形成有机物质，植物枯死后形成的凋落物通过腐殖作用将碳固定在土壤中，同时土壤有机碳经过微生物分解释放出 CO_2，形成草地生态系统的碳循环。草地生态系统碳库主要来自绿色植物生物量、凋落物量及土壤有机质三大碳库。

　　湿地生态系统是介于陆地和水体之间的一种特殊的生态系统类型，在陆地碳循环系统中发挥着重要作用。湿地生态系统碳循环的主要构成是植物光合作用的碳固定和呼吸作用的碳释放。由于湿地生态系统的特殊性，其对气候变化相对敏感。温度和湿度的变化会影响湿地生态系统中甲烷等温室气体的产生量，导致湿地生态系统由"碳汇"转变为"碳源"，同时人为干扰也对湿地生态系统的碳汇量产生影响。

　　荒漠生态系统作为陆地表面独特的地理景观对地球碳循环具有重要作用。荒漠生态系统中植被虽然十分稀疏，但整个荒漠地区通常不全是不毛之地。荒漠天然植被是旱生性最强的一类植物群落，主要由矮半乔木、灌木、半灌木、矮半灌木、多年生旱生草本植物、一年生短命植物和多年生类短命植物组成；此外，在荒漠治理过程中，人工营造的防护林和使用飞播等工程措施，切实增加了荒漠地区的植被类型和提高了植被面积。荒漠地区虽然植被稀疏，植被和土壤的固碳作用相对较弱，但由于荒漠生态系统面积巨大，其固碳总量仍十分可观。一方面，荒漠植被和土壤在有利的自然条件（降水增加等）和人为条件（荒漠绿化等）下，在碳循环过程中总体表现为碳汇，主要包括植被固碳和荒漠盐碱土以无机方式固碳等；另一方面，荒漠植被和土壤在不利的自然条件（干旱等）和人为条件（植被破坏等）下，造成荒漠化扩张，使生物量碳减少、土壤有机碳和无机碳的矿化并向大气释放温室气体，从而成为碳源。为此，通过荒漠化防治增加荒漠碳汇能力显得尤为关键。

　　农田生态系统占陆地生态系统面积的 38.5%，是碳循环过程中最活跃的碳库。

农田生态系统的碳汇主要是农作物吸收大气中 CO_2 形成净初级生产力以及农田土壤固碳。农田生态系统的碳循环主要是作物净初级生产力与土壤有机碳之间的转化过程。农作物碳库普遍小于农田土壤碳库，其研究也相对薄弱，现有研究多集中在农作物碳储量估算、影响因素、时空分异与尺度变化方面，对农作物净碳汇效益的分析尚显不足。研究者普遍认为，由于农作物增加的生物量大多在短时期内经分解又释放到大气中，因此认为农作物生物量碳汇约为零。农田土壤碳储量约占陆地土壤碳储量的 8%～10%，但由于土壤中有机碳的稳定性及持续时间尚存争议，且不同研究区域、农田种植结构、农田管理措施等都会对农田土壤碳汇产生影响，因此农田土壤碳汇估算的不确定性较高。因此，本书对农田生态系统碳汇暂不进行专题论述。

城市自然生态系统碳汇是指在城市生态系统中，通过生物过程从大气中吸收、固存 CO_2 的过程、活动或机制。城市是人类活动最主要的载体，土壤、植被和水系等自然要素处于城市环境中，均受到人类活动的干扰和影响，但又相对独立于人类活动。城市绿地作为城市生态系统的重要组成部分，是调节城市碳氧平衡的关键。城市绿地碳汇是指城市绿地植物通过光合作用吸收大气中的 CO_2 并将其固定在植被和土壤中，从而减少大气中 CO_2 浓度的过程。在碳中和背景下，城市绿地的碳汇功能日益凸显，但目前对碳汇的研究主要集中在大区域的森林、草地、湿地等方面，对城市绿地的碳汇能力研究相对较少，且研究方法不一，因此本书对城市绿地碳汇暂不进行专题论述。

1.1.2　海洋生态系统碳汇

海洋生态系统碳汇也称蓝色碳汇或蓝碳，指通过海洋活动和海洋中的动植物吸收大气中的 CO_2，并将其固定、储存到海洋的过程、活动和机制。2009 年，这一概念由联合国环境规划署在《蓝碳：健康海洋对碳的固定作用》报告中首次正式提出，明确了海洋在固碳增汇过程中的重要作用。目前，海洋碳汇已成为全世界减缓和适应气候变化的重要战略。

海洋是地球上最大的碳库，储存了全球约 93% 的 CO_2。自 18 世纪以来，海洋固碳量可达化石燃料排放量的 41% 和人为排放量的 28% 左右，极大抵消了大气中 CO_2 的积累。与绿碳相比，蓝碳具有开发潜力大、固碳效率高、固碳效果持久等特点。地球上 55% 的生态固碳是由海洋生物完成的，海洋碳汇总量相当于陆地生态系统的 20 倍，单位海域生物固碳量是森林的 10 倍，对吸收大气 CO_2、缓解全球气候变暖、支持生物多样性起到至关重要的作用，是生态碳汇的另一条重要路径。

国际上，海洋碳汇交易主要集中在 IPCC 所认证的滨海蓝碳生态系统碳汇，包括红树林生态系统碳汇、海草床生态系统碳汇和盐沼生态系统碳汇。这三类滨海生态系统所占面积总和不超过海床的 0.5%，生物量仅占陆地植物生物量的 0.05%，但其碳储量却高达海洋碳储量的 50% 以上，具有极高的固碳能力。

我国海水养殖产量常年位居世界首位，贝类和大型藻类产量占全球总产量的 85% 左右，可在吸收大量 CO_2 的同时带来极高的经济价值。因此，除 IPCC 标准范围外，2022 年我国自然资源部发布的《海洋碳汇核算方法》中，根据自身国情将藻类碳汇、海水贝类碳汇和浮游植物碳汇纳入海洋碳汇标准，为我国在国际气候谈判上带来了有利条件。综上，我国对于海洋碳汇的定义较国际范围更广，除了红树林生态系统碳汇、盐沼生态系统碳汇和海草床生态系统碳汇外，还包括藻类碳汇、海水贝类碳汇和浮游植物碳汇等（图 1.2）。

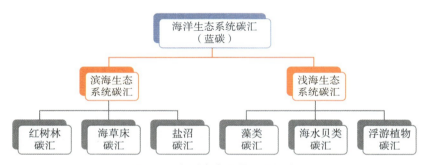

图 1.2　海洋生态系统碳汇构成

1.2　生态碳汇发展趋势

IPCC 估计，2007—2016 年人为温室气体排放总量的 23% 来自农业、林业和其他土地利用活动。人类对土地利用方式的改变对生态系统的稳定性及碳汇能力均产生重要影响，恢复并提高生态系统碳汇能力成为应对气候变化的重要手段之一。如何利用碳市场交易推动生态碳汇功能更好发展是各国政府及研究者关注的重要问题。

1.2.1　国际生态碳汇发展趋势

生态系统碳汇是实现碳中和的重要途径之一，也是保护并修复生态环境、实现人类可持续发展的重要保障。IPCC 第六次评估报告第一工作组报告《气候变化 2021：自然科学基础》指出，2011—2020 年全球地表温度比工业革命时期上升

1.09℃，为 200 万年以来最高温度。积极应对全球气候变化，控制 CO_2 等温室气体排放，对充分发挥生态碳汇功能增加固碳提出迫切需求。

1.2.1.1 国际陆地生态系统碳汇发展趋势

陆地生态系统固碳能力强，对全球和区域碳循环具有重要影响，是实现碳中和目标的重要生态措施。陆地生态系统的固碳效应、季节和地区差异、驱动机制是目前研究的热点。全球碳收支项目发布的 *Global Carbon Budget 2021* 指出，2020 年全球陆地系统碳汇量为每年（29±10）亿吨，而全球大气 CO_2 浓度升高是陆地生态系统碳汇增加的主导因素之一。

生态碳汇参与碳市场主要通过碳信用抵消机制。据世界银行统计，截至 2021 年 4 月，全球共有 26 个正在运行的碳抵消机制，主要可以分为：①以国际气候公约为基础建立的国际碳抵消机制（清洁发展机制 CDM）；②区域、国家或地方层级的碳抵消机制；③在履约碳市场以外建立的独立碳抵消机制。碳抵消信用的价格差异较大。CDM 项目产生的 CO_2 减排量平均价格 2020—2021 年从 2.2 美元/吨下降到 1.1 美元/吨。其他两类碳抵消机制下的碳抵消信用价格总体均呈上升趋势。作为目前生态碳汇交易的主体，2021 年全球有 20 个碳抵消机制纳入了林业碳汇项目。澳大利亚、欧盟及韩国等多国与地区均颁布了相应的法规及政策文件，以推进林业碳汇进入碳交易体系。草原和耕地碳汇市场建设前景尚不明确，虽然其碳汇功能具有开发潜力，但是相关理论、技术及支持政策仍在探索中。

1.2.1.2 国际海洋生态系统碳汇发展趋势

联合国环境规划署 2009 年发布的《蓝碳：健康海洋对碳的固定作用——快速反应评估报告》中最早关注到海洋在固碳方面的作用，该报告将海洋碳汇定义为由海洋生物（特别是海岸带的红树林、海草床和盐沼）通过光合作用、生物链等机制捕获和储存的碳（蓝碳），同时倡导全球碳市场引入蓝碳交易。此后，对蓝碳的研究逐渐增多。2016 年，《巴黎协定》将包含蓝碳的海洋生态系统重新纳入温室气体的汇和库，并对未来国际蓝碳合作及相关机制提供指导。

总体上，海洋碳汇仍处于理论与方法的研究阶段，国际上还未建立统一的关于海洋碳汇的核算方法、评价标准和交易机制。中国、印度、印度尼西亚等少数发展中国家开展了海洋碳汇项目的探索实践，主要为小型红树林项目。

1.2.2 国内生态碳汇发展趋势

1.2.2.1 国内陆地生态系统碳汇发展趋势

中国陆地生态系统在全球陆地碳汇中发挥重要作用。中国约占全球陆地面积的 6.5%，贡献了全球陆地碳汇的 10% ～ 31%。20 世纪 80 年代起，国内学者逐渐对生态系统碳循环的主要组分和相关参数开展了野外调查和监测，并将研究范围从样点尺度扩展至区域和全国尺度。近几年，中国在森林、草原、湿地、荒漠、农田等陆地生态系统的碳汇核算方法方面日趋成熟，主要包括模型模拟法、现场实测法、大气反演法、通量观测法等，不同方法对中国陆地生态系统碳储量和碳汇量的估算结果存在较大分歧与争议。

增强陆地碳汇被认为是缓解气候变化最为成熟的途径之一。长期以来，中国大力推动国土绿化、退耕还林还草、湿地保护修复、风沙源治理等，森林、草地、湿地和荒漠生态系统碳汇能力显著提升。

农业生态碳汇主要包括农作物生物量碳汇和农田土壤碳汇两方面。近 30 年来，农作物生物量呈现增加趋势，农田土壤有机碳含量普遍较低且空间分布不均，增加农田土壤有机碳含量是未来中国农业生态系统碳汇的重要方向。

1.2.2.2　国内海洋生态系统碳汇发展趋势

国内海洋生态系统碳汇是一个新兴研究领域，碳汇潜力巨大。我国需要从多角度拓展海洋碳汇研究的范围、深度和广度。随着海洋碳汇重要性的提高，我国在海洋碳汇方面的研究逐步受到广泛关注，研究内容涉及碳汇作用机理、碳汇效应、碳汇增汇技术、碳汇核算与市场构建等领域。

2006—2010 年，我国相关研究缓慢起步，主要研究近海浮游植物的固碳强度、红树林和滩涂的碳交换量、碳汇渔业的功能及路径。2015 年，我国在《生态文明体制改革总体方案》中明确提到建立海洋碳汇的有效机制并拓展蓝色经济空间。随着低碳、碳汇碳源、碳足迹、碳生命周期等概念的提出，除了传统的红树林、海草床、盐沼等蓝碳生态系统研究，贝藻类固碳效果的研究大量出现，国内关于海洋碳汇的研究进一步深入，各学科间日益紧密的联系扩大了海洋碳汇的研究范围。2021 年，全国首个海洋碳汇交易服务平台在厦门产权交易中心成立。然而，海洋碳汇项目尚未被纳入全国碳排放权交易市场体系，现阶段仍以地方先行先试为主，湛江、连江县等沿海地区进行了红树林、渔业碳汇交易项目的试点。

1.3　生态碳汇管理

如何通过合理的生态碳汇管理活动调控生态系统碳循环过程及其影响因素，以维持生态系统碳收支平衡，是当前关注的焦点。

1.3.1　国际生态碳汇的管理

1.3.1.1　国际陆地生态系统碳汇管理

（1）森林生态系统碳汇管理

森林生态系统在碳循环中发挥着重要作用，必须从环境、经济和社会角度考虑包括碳汇在内的森林生态系统服务，以选择最适宜的森林生态系统管理策略。目前森林碳汇管理主要包括三个方面：①通过保护政策保护原始森林和老龄林，以减少碳损失；②对天然林进行粗放型管理，以提高天然林生产力和保存已有碳储量；③通过集约型管理实现森林高产。在森林生态系统碳汇管理中，维持和增强森林土壤碳汇非常关键。森林土壤碳汇来源于根、凋落物、枯死木。土壤碳储量通常由有机质的持续输入来维持，保护原始森林的管理方法可以增加土壤碳储量。

（2）草地生态系统碳汇管理

美国的研究重点关注草地生态系统中的碳和养分循环，并开发了估算草地碳储量的工具和测量技术。《森林和牧区可再生资源规划法》的修正案要求就全球气候变化对美国森林和草地可再生资源状况的潜在影响进行分析。

（3）湿地生态系统碳汇管理

对于政策制定者和执行者来说，除了制定退渔还湿、退田还湿的政策外，适当开展湿地修复工程是湿地碳库保护的有力措施。相比森林生态系统，湿地修复需要更长时间，湿地修复工程的投入成本往往较大。

（4）荒漠生态系统碳汇管理

荒漠生态系统碳库主要来自植被层生物量（乔灌草及凋落物）和土壤有机碳，其中约90%的碳储存在土壤中，土壤碳与大气层碳进行交换的主要途径为土壤呼吸；荒漠生态系统中因表层土壤水分缺乏，荒漠植被根系扎入地下数米，根系呼吸作用微弱，土壤微生物呼吸对干旱区碳循环起关键作用。荒漠生态系统通过人工建植促进植被恢复，可有效实现沙漠化逆转、增加各组分碳储量，具有较好的固碳潜力。

（5）农田生态系统碳汇管理

农田生态系统碳汇管理主要通过提升土壤健康水平的土地管理活动，减少表层土壤的碳流失，增加土壤有机碳，从而达到固碳的目的。此外，建立土壤健康管理系统或实行土壤健康配套措施可以直接或间接地减少 CO_2 和 N_2O 排放。

（6）城市生态系统碳汇管理

美国林务局 2010 年发布的《应对气候变化国家方案》提出鼓励社区保留绿地，种植和养护树木。美国林务局与各州的林业机构共同参与的《城市和社区林业计划》是向地方政府、非营利组织、社区团体、教育机构和土著部落提供研究、技术、资金和教育支持，以保护森林健康、创造就业机会、促进区域林产品市场的蓬勃发展，维护、恢复和改善美国超过 5700 万公顷的社区林地的重要措施，其重点是城市自然资源的管理。城市森林作为城市自然资源的重要组成部分，可以为城市提供清洁空气和水、调控降水、节约能源、碳吸收等生态服务。英国确立《气候变化法案》作为重要立法的地位，将法律义务明确落实到具体部长职责内，该法案制定了具有法律约束力的未来 15 年碳排放目标和 2050 年碳排放目标，为减缓和适应气候变化提供了综合框架，并基于独立专家的监督与建议明确了行动职责。

1.3.1.2　国际海洋生态系统碳汇管理

随着人们认识到滨海蓝碳在减缓气候变化中的巨大作用，在国际和国家减缓气候变化政策和财政机制中，保护和恢复这些海洋生态系统受到越来越多的关注。

由于蓝碳评估机制的定义或标准尚未达成共识，迄今各国尚未将滨海蓝碳纳入其减缓气候变化或海岸带管理政策和行动中。为此，国际蓝碳倡议组织编写了《滨海蓝碳：红树林、盐沼和海草床碳储量和碳排放因子评估方法》，以制定在取样方法、实验室测量、蓝碳储量和通量分析等方面的全球标准化规程，为科研工作者和海岸带管理人员提供实用的工具，以获得可靠的蓝碳数据。

另外，《巴黎协定》各缔约国在国家自主贡献（NDC）中对蓝碳的承诺仍比较有限。据估计有 64 个国家在其 NDC 中提到了沿海和海洋生态系统的气候适应和减缓。其中大多数国家的 NDC 承诺与红树林有关（45 个），与海草有关的较少（10 个），盐沼没有被特别提及。

目前海洋生态系统碳汇管理在政策制定、行动实施和碳汇效益实践方面仍处于起步阶段，海洋生态系统碳汇管理方面的思路主要是保护、恢复和创造。

（1）保护已有的海洋生态系统碳汇

首先要对已有海洋生态系统开展完整性保护，这不仅可以保存已经固定在海洋中的蓝碳，同时可让海洋生态系统能在未来持续发挥固碳作用。保护是通过直接或间接的方法（如沉积和供水），以保持或加强生物地球化学过程，如依法对富含碳的红树林、海草和盐沼进行严格保护，从而降低退化率和保护碳汇。这一解决方案保护了脆弱的沿海湿地，避免因这些湿地遭受破坏成为温室气体的来源。

（2）恢复受损的海洋生态系统

恢复涉及一系列寻求改善生物物理和地球化学过程的活动，比如通过砍伐退化的红树林并重新造林。修复受损的海洋生态系统一方面阻止了受损海洋成为温室气体的碳源（减排），另一方面是恢复原蓝碳系统的固碳能力（增汇）。湄公河三角洲芹滁红树林公园修复项目是有史以来最大的生态系统修复项目之一，这座红树林公园在越南战争期间被美国空军炸毁，1978年开始引入修复项目，如今公园里的红树林面积达到450平方千米。据估算，2016年这些红树林的储碳能力相当于1.52亿吨碳当量（CO_2-eq），相比之下，越南2020年的碳排放量为2.53亿吨。然而，恢复受损的海洋生态系统受到多种社会经济因素的制约，恢复工作可能与当地社区的生计和粮食安全发生冲突。在东南亚适合红树林恢复的总面积中，剔除各种社会经济（如生计、食品安全和土地权利）和操作制约因素（包括森林砍伐风险、场地可及性、靠近种子来源）后，只有5.5%～34.2%的红树林面积可以开展恢复。

（3）创造海洋生态系统

除了保护和修复传统意义上的蓝碳生态系统外，探究新的蓝碳碳库系统也成为科学家们努力的方向。如在人工海岸开展适宜水生植被生长的护岸作业，利用工程措施为植物生长提供基质。沉积固碳也可以作为以三角洲地区为代表的海岸带地区的碳埋藏体和碳库。密西西比河三角洲地区通过工程手段将分流河道改迁至瓦克斯湖，使原本遭受侵蚀的地区60年来每平方米积累了3吨的沉积物，沉积物中土壤碳累计速率可媲美红树林和盐沼湿地。

目前，在自愿碳市场下，海洋生态系统碳汇的碳抵消已经有了核算和信贷工具。Wylie等（2016）以碳汇信用交易介绍了肯尼亚、印度、越南和马达加斯加在蓝碳保护应用方面的四个成功案例。1999年，弗吉尼亚海洋科学研究所自然保护协会达成世界上第一个向非营利组织Verra申请碳信用认证的海草项目，旨在恢复3600公顷的海岸生态系统，预计每公顷每年吸收将近500千克的CO_2。经过科学家和志愿者21年的努力，东岸海湾的草地已经增长到近9000英亩（约3640公顷）——最大的单一鳗草栖息地（Island Sound），是全球已知的最大的海草修复。作为世界上最大的碳信用项目监管者，Verra已经向蓝碳项目发放了近97万个信用额度（相当于97万吨CO_2-eq）。同时在Verra注册的1600多个项目的CO_2-eq为6.2亿吨，足以抵消约150家燃煤发电厂的排放量。

1.3.2　国内生态碳汇的管理

1.3.2.1　国内陆地生态系统碳汇管理

根据应对气候变化国际治理进程以及涉林议题进展，我国陆地生态系统碳汇管理演进大致可划分为三个阶段。

（1）探索起步阶段（2003年之前）

20世纪80年代以来，气候变化问题逐渐被人类认识并日益重视，林业碳汇的关键作用也逐渐形成广泛共识。我国学者主要从宏观视角分析碳循环的机理，阐明森林生态系统在碳循环中的作用，或从生态学角度监测、计量我国碳储碳汇量，系统评估森林减缓气候变化的潜力，为应对气候变化提供决策支撑。1997年《京都议定书》首次以国际性法规的形式对发达国家温室气体减排作出明确要求，引入市场机制作为减少温室气体排放的新路径，催生出碳排放权交易市场，世界各地纷纷开展林业碳汇项目与交易试点，我国关于陆地生态系统碳汇管理的相关理论与实践探索随之启动。

（2）快速发展阶段（2003—2013年）

2003年中共中央、国务院发布《关于加快林业发展的决定》，同年成立国家林业局碳汇管理办公室并组织专家开展了碳汇造林系列标准的研究和全国林业碳汇计量监测体系的编制。2005年《京都议定书》正式生效，2007年《巴厘路线图》将减少发展中国家毁林排放作为重要的减缓措施纳入其中。随着谈判的深入，这个议题由最初的仅仅关注发展中国家的毁林排放，扩展到了包括减少森林退化导致的排放，森林保护、可持续经营和森林存量增加，以及林业部门之外的导致毁林和森林退化的活动。2009年，作为一个新的概念，碳汇林业首次出现在中央一号文件中；同年在联合国气候变化峰会上，我国明确提出"大力增加森林碳汇，争取到2020年森林面积比2005年增加4000万公顷，森林蓄积量比2005年增加13亿立方米"；同年国家林业局发布了《应对气候变化林业行动计划》，成立了中国绿色碳汇基金会。2010年10月成立国家林业和草原局林业碳汇计量监测中心，加快碳汇计量监测方法研究和标准规范制定，国家林业局造林司发布了《碳汇造林技术规定（试行）》《碳汇造林检查验收办法（试行）》。2011年，北京、天津、上海、重庆、广东、湖北、深圳等七省（市）实施了碳排放交易试点，林业碳汇作为重要的抵偿机制纳入碳交易市场。2013年起，每年发布林业和草原应对气候变化政策与行动白皮书。围绕国际国内应对气候变化的努力，此阶段我国陆地生态系统碳汇的讨论主要涉及生态文明建设、碳汇能力影响因素、碳市场建设、碳储量核算、碳汇潜力估算等。

（3）稳步发展阶段（2014年至今）

2014年我国出台了《关于推进林业碳汇交易工作的指导意见》，碳交易市场进入实务操作运行阶段。2015年12月巴黎气候大会达成《巴黎协定》，并于2016年11月4日起正式实施，标志着全球绿色低碳转型方向。2016年我国在"国家自主贡献"中提出2030年前实现碳达峰的目标。2020年提出将提高国家自主贡献力度，并于2060年之前实现碳中和目标。2021年中共中央、国务院发布关于完整准确全面贯彻新发展理念做好碳达峰碳中和工作的意见，逐步完善"1+N"

政策体系："1"是碳达峰碳中和指导意见，"N"包括 2030 年前碳达峰行动方案以及重点领域和行业政策措施和行动。2022 年，党的二十大报告明确要求提升生态系统多样性、稳定性、持续性，积极稳妥推进碳达峰碳中和。

与此同时，全国多个省份发布碳汇管理相关政策，提出多阶段目标，积极进行碳汇管理试点，归纳起来，主要可以分为三个方面。

1）生态工程保护修复陆地生态系统，增加碳汇能力。2021 年 11 月，贵州省发布《贵州省"十四五"林业草原保护发展规划》，要求以森林抚育、退化林修复、低产林改造为重点，全面加强森林经营，提升森林质量，提高森林生态功能，增加森林碳汇。2022 年 1 月，天津市发布《天津市生态环境保护"十四五"规划》，推进重要生态功能区修复工程，北部山区实施重点公益林管护和封山育林，平原地区重点开展森林抚育和林分更新，增强森林碳汇能力。

2）建立碳汇估算基线及动态监测体系。2021 年 12 月，北京市发布《北京市"十四五"时期生态环境保护规划》，提出到 2025 年园林绿化的增汇能力和适应气候变化能力不断增强，要求加强林业生态系统建设及管护，完善林业固碳监测系统和评估机制，优化造林绿化苗木结构，进一步增加森林碳汇；加强土壤培肥，增加土壤有机碳储量，提升农田土壤碳汇能力；加强 CH_4、N_2O 等非 CO_2 温室气体排放控制。福建省建设双通量塔移动观测平台，探究森林在 CO_2 收支中的作用，打造全球陆地森林碳循环研究基地。2022 年 2 月，上海市发布《崇明世界级生态岛发展规划纲要（2021—2035 年）》，推进碳排放精细化管理，开展温室气体排放监测管理，建立动态监测、预警分析平台，为全岛碳中和提供数据支撑；探索建立生态系统碳汇监测核算体系，加快遥感测量、大数据、云计算等新兴技术在碳排放实测领域的应用，开展森林、湿地、农田等碳汇本底调查和储量评估，实施生态保护修复碳汇成效监测评估。

3）建立和健全碳交易机制。2017 年福建省对 20 个试点县（林场）给予补助，其中顺昌县国有林场、德化县林业局 2 个试点项目于福建省碳市场开市首日完成了首批交易。2021 年重庆市"碳汇通"生态产品价值实现机制管理暂行办法要求运营主体发布经备案的方法学，以及登记经备案的"碳汇通"减排项目和减排量，详细记录项目基本信息及减排量备案、交易、注销等有关情况。四川省林草局要求，到 2025 年林草碳汇有效参与国内外碳排放权交易，林草碳汇多元化发展格局基本形成，全省林草碳汇项目总规模力争达到 200 万公顷。

1.3.2.2　国内海洋生态系统碳汇管理

针对我国红树林面积与 20 世纪 50 年代相比减少了 40%、珊瑚礁覆盖率下降、海草床盖度降低等突出问题，国内已开展蓝色海湾整治、渤海综合治理生态修复、"南红北柳"湿地保护恢复、红树林保护修复等专项行动计划。经过不断努力，我国 55% 以上的红树林纳入了自然保护地，我国红树林面积已从 2001 年的 2.2 万公顷恢复到 2.7 万公顷，成为世界上少数几个红树林面积净增加的国家之一。

目前，我国正积极参与国际蓝碳议程，扎实推进自然科学领域的科研攻关，将蓝碳纳入应对气候变化及经济社会发展政策规划体系。我国科学家提出的人工上升流解决措施，即把海洋底部营养丰富的水输送到有足够光照进行光合作用的海洋上层，促进浮游植物和藻类的生长，已被纳入 IPCC 发布的《气候变化中的海洋与冰冻圈特别报告》。2022 年 2 月 21 日自然资源部发布《海洋碳汇经济价值核算方法》，提出了海洋碳汇能力评估和海洋碳汇经济价值核算方法，适用于海洋碳汇能力评估和海洋碳汇经济价值核算与区域比较，使海洋碳汇经济价值核算成为可能。

总体上，我国蓝碳相关研究起步较晚，蓝碳交易市场作为发展的新领域，相关政策与法律制度、市场标准、交易机制等不完善，国内可借鉴复制的蓝碳交易成功范例经验有限，未来急需以蓝碳为主线，在探明其生态过程与机制的基础上，提出针对海洋生态补偿机制、海洋可持续发展方式，建立海洋碳汇标准体系、碳汇交易等的应对措施和系统解决方案。

第 2 章　森林碳汇

作为减缓气候变暖的重要举措之一，保护和增强森林碳汇已被纳入多项应对气候变化国际公约。中国政府一直重视森林碳汇在应对气候变化方面不可替代的作用。2020 年中国政府作出"力争于 2030 年前实现碳达峰、2060 年前实现碳中和"的重大战略决策，将巩固现有森林的固碳作用、持续增加森林面积和蓄积量、提升森林碳汇增量能力作为实现碳中和的重要发展路径之一；同时提出要提升统计监测能力，开展森林碳汇本底调查和碳储量评估，建立森林碳汇监测核算体系。

2.1　中国森林碳汇现状

2.1.1　森林碳汇的基本原理

《联合国气候框架公约》将"汇"定义为从大气中清除温室气体、气溶胶或温室气体前体的任何过程、活动或机制，反之则为"源"。由于温室气体以 CO_2 为主，且常以 CO_2-eq 来衡量，所以也称为"碳汇"或"碳源"。碳汇和碳源都是相对于大气而言的，碳汇量的大小代表了一段时间内从大气中清除 CO_2 的能力。

陆地生态系统碳循环可以描述为以下过程：①总初级生产力（GPP），单位时间内植物通过光合作用同化大气中的 CO_2 形成的有机物总称；②净初级生产力（NPP=GPP-Ra），植物自养呼吸（Ra）作用会将一部分同化的碳转化为 CO_2 释放回大气，一部分则以植被生物量的形式储存起来；③净生态系统生产力（NEP=NPP-Rh），植物的凋落物、死亡根系以及根系分泌物等经过土壤微生物的异养呼吸（Rh）作用再次以 CO_2 的形式释放回大气；④净生物群系生产力（NBP=NEP-NR），自然和人为干扰等非呼吸作用（NR）释放一部分的碳。如果 NBP 为正值，则生态系统表现为碳汇，否则为碳源。

森林碳汇是森林生态系统植物通过光合作用从大气中吸收 CO_2 合成有机物，并将其储存在生物体内或土壤中，从而降低大气 CO_2 浓度的任何过程、活动或机制。森林生态系统碳库通常分为生物量、凋落物、死木和土壤有机碳，采伐的木产品也是森林生态系统之外的一个重要碳库。森林碳汇量常用一段时间内森林各碳库的碳储量变化之和表示，某一碳库碳储量变化可以用储量变化法或损益法来估计。当森林面积及其边界均未发生变化时，可以直接采用储量变化法计算森林碳储量的变化量。如果有新增森林或存在毁林时，则必须同时考虑土地利用变化类型的面积和土地利用变化前后碳密度的变化。损益法多见于一些基于过程的模型模拟研究中，用以描述森林与大气之间的碳交换以及森林生态系统内各碳库之间的碳转移。在长时间尺度上，森林碳汇相当于森林生态系统 GPP 扣除 Ra、Rh 和 NR 碳排放后形成的 NBP。

2.1.2 中国森林碳汇现状与贡献

2.1.2.1 中国森林碳汇的评估范围

明确定义森林，是任何一个森林碳汇科学报告都无法回避的基本问题。联合国粮食及农业组织和世界各国关于森林的定义各不相同。《中华人民共和国森林法》规定：我国森林包括乔木林、竹林和国家特别规定的灌木林，乔木林和竹林郁闭度 ≥ 0.2，疏林地郁闭度 ≥ 0.1 且 <0.2。行数 ≥ 2 行且行距 ≤ 4 米或冠幅投影宽度 ≥ 10 米的林带，也统计在我国森林资源中。第九次全国森林资源清查报告显示，2014—2018 年全国（不含港澳台地区）乔木林、竹林和特灌林面积分别为 1.8 亿公顷、641 万公顷和 3415 万公顷。第三次全国国土调查成果显示，截至 2019 年年底全国乔木林面积 1.97 亿公顷、竹林面积 702 万公顷，没有统计特灌林面积。研究发现，不同森林类型的碳汇能力差别较大（表 2.1），目前国内绝大多数研究只将乔木林视为森林，更有研究采用与《中华人民共和国森林法》完全不同的阈值来定义我国森林，同时，许多研究将乔木林与竹林分开，针对竹林碳汇进行了专门的研究。在不同森林定义下，森林面积和以此计算的森林碳储量和碳汇量也就截然不同。

表 2.1　不同森林类型年净 CO_2 固定量

通量塔位置	气候类型	森林类型	时间区间	吨 CO_2 / 公顷·年
鼎湖山，广东	南亚热带	马尾松林	2003—2005	6.230
鼎湖山，广东	南亚热带	针阔混交林	2003—2005	9.940
长白山，吉林	北温带	针阔混交林	2003—2005	6.490
千烟洲，江西	中亚热带	针阔混交林	2003—2005	18.370
岳阳，湖南	中亚热带	人工杨树林	2006	21.230

通量塔位置	气候类型	森林类型	时间区间	吨 CO_2 / 公顷·年
会同，湖南	中亚热带	杉木林	2008	11.480
安吉，浙江	亚热带	毛竹林	2011—2014	24.309

2.1.2.2　中国森林碳汇现状与贡献

（1）森林生物量碳

近 20 年来中国森林生物质碳储量年变化量的评估结果在 1.17 亿～ 2.32 亿吨 / 年，不同研究结果间差异较大。由于多数研究没有考虑森林面积变化产生的温室气体汇和源，只是简单采用储量变化法计算不同时期森林碳储量的年均变化量，因此严格来说不能称之为"碳汇"。中国"土地利用、土地利用变化与林业（LULUCF）"国家温室气体清单评估的 1994—2014 年"一直保持为林地"的生物质碳储量年均增长 0.91 亿吨碳，"其他土地转化为林地（林地面积增加）"的生物质碳储量年均增长 0.61 亿吨碳，二者合计 1.52 亿吨碳 / 年。林地面积增加贡献了约 40.2% 的中国森林生物质碳储量增长量。其他研究也认为 1977—2008 年中国森林生物质碳储量的增长有 50.4% 是缘于森林面积尤其是人工林面积的增加。

（2）森林死有机质碳

Fang 等评估的 2001—2010 年中国森林死有机质碳储量约为 3.7 亿吨碳，平均碳密度 1.9 吨碳 / 公顷 ，年变化量为 900 万吨碳；Zhu 等（2017）评估的 2004—2008 年中国森林死有机质碳储量约 9.25 亿吨碳，平均碳密度 5.95 吨碳 / 公顷。总体而言，中国森林死有机质碳储量近年来呈增长趋势。

（3）森林土壤有机碳

LULUCF 国家温室气体清单评估的 1994—2014 年中国林地 0 ～ 30 厘米土层土壤有机碳储量年均增长 3341 万吨碳。总体上，中国森林 0 ～ 100 厘米土层平均土壤有机碳密度为 106.16 ～ 144.89 吨碳 / 公顷。

（4）森林木产品碳

2015 年全球木产品净碳汇量约 9143 万吨碳 / 年，其中中国为 4098 万吨碳 / 年。20 世纪 90 年代中国木产品碳储量年均变化量为 616 万～ 1173 万吨碳，2000—2010 年年均增长 1671 万～ 2510 万吨碳，2010—2016 年增长 4098 万～ 7098 万吨碳。2000 年以来中国木产品碳储量呈高速增长趋势，2016 年中国进口木产品的碳储量增长占到了国产木产品碳储量增长的 46%。

（5）森林生态系统碳

我国森林生态系统碳源 / 汇特征可分三个时期：① 1949 年至 20 世纪 70 年

代末，森林生物量损失率约为 2200 万吨碳 / 年，表现为碳源；② 80 年代初至 90 年代，森林平均碳汇强度为 0.7 亿～ 1.77 亿吨碳 / 年，森林由碳源转变为碳汇；③ 20 世纪末至今，我国森林面积和蓄积量进一步增长，2015—2020 年我国森林生态系统碳汇强度为 3.09 亿吨碳 / 年，森林碳汇能力明显增强。近 20 年间我国森林生态系统碳汇量约为（2.08 ± 0.44）亿吨碳 / 年，相当于每年清除大气 CO_2（7.62 ± 1.63）亿吨 CO_2-eq/ 年。

2.2 中国森林碳汇潜力

2.2.1 中国森林面积潜力

中国制定了到 2035 年森林覆盖率达到 26% 的目标，相当于要新增约 0.29 亿公顷森林面积。据统计，全国尚存宜林地加上各类迹地的面积总计约 0.52 亿公顷，其中约 34% 分布在内蒙古、29% 分布在西北五省区。

2.2.2 中国森林碳储量与碳汇潜力

森林固碳潜力主要取决于两个方面：一是森林面积的增长，二是森林生长导致的碳密度变化。林龄和气候条件易随时间发生变化，大多数研究通过构建林龄和气候变化情景来预测未来森林蓄积生长量，从而估计未来森林生物质碳密度和碳储量变化。现有关于未来森林碳储量变化的预测研究主要侧重于乔木林生物质碳库，而较少涉及土壤和死有机质碳库，对竹林和特灌林也鲜有研究。已有研究结果均显示中国未来乔木林生物质碳密度和碳储量呈随时间增长的趋势，将持续发挥碳汇功能。

专栏：竹林碳汇

中国是世界上竹类分布最广、资源最多、利用最早的国家之一，素有"竹子王国"之美誉。据第九次全国森林资源清查结果，全国现有竹林面积 641.16 万公顷，占世界竹林面积近 1/5，占全国森林面积的 2.94%，其中毛竹林面积为 467.78 万公顷，占竹林面积的 72.96%，是我国面积最大、分布最广的经济竹种。竹子，特别是毛竹生长速度快，固碳效率高，是增加生态系统碳汇的重要选择。

（1）我国竹林碳通量时空演变

一项针对 2001—2018 年我国竹林的 GPP 和 NPP 的研究表明，中国竹林 GPP、NPP 在月尺度上呈单峰型季节变化特征，且在 7 月达到峰值，总体上反映了竹子生长期和凋落期的情况；在年尺度上，GPP、NPP 多年平均值分别为

9040.2 千克碳 / 年·公顷（7644.2—9946.1 千克碳 / 年·公顷）和 7168.8 千克碳 /
年·公顷（6000.3—7882.5 千克碳 / 年·公顷），最低和最高分别出现在 2003
年和 2007 年。在统计时间内，GPP、NPP 呈波动增加趋势，但趋势不显著
（p>0.05）。2001—2018 年各时期中国竹林 GPP、NPP 均值的空间分布具有明显
的空间异质性，整体上呈现南多北少、东多西少的空间特征。从空间分布特点来
看，中国竹林 GPP、NPP 在各时间段具有相似的空间分布特征，4 个时期竹林
GPP、NPP 高值分布比较集中，且高值分布范围在逐渐增加，主要分布在浙江西
北部、福建中部、江西西部等竹林丰度较高的地区；GPP、NPP 低值主要分布在
贵州、陕西、云南等竹子分布较分散的地方。

（2）竹林碳汇的影响因素

竹林碳汇能力主要受经营方式、经营措施、经营历史等因素的影响。研究表
明，集约经营毛竹林和粗放经营毛竹林每年净固碳量（NEP）分别为 3.4466 吨 /
公顷和 1.8023 吨 / 公顷，集约经营毛竹林生态系统碳汇能力比粗放经营提高了近
1.9 倍。施肥管理、密度控制等管理措施也会改变毛竹林的碳汇功能，如中等施肥
有利于毛竹林生态系统表层（0～10 厘米）土壤有机碳储量的积累，而高强度采
伐和中度采伐都会造成毛竹林表层土壤有机碳库的减少。集约经营和粗放经营毛
竹林土壤水溶性有机碳和微生物量碳在 1 年内均呈较大的动态变化特征，与粗放
经营相比，集约经营毛竹林土壤各类碳库显著下降，其中土壤（0～20 厘米土层）
有机碳储量下降 4.475 吨 / 公顷，水溶性有机碳和微生物量碳分别下降 29.29% 和
26.08%。另外，经营历史的长短对土壤碳库的稳定性产生影响。与粗放经营相比，
30 年集约经营毛竹林土壤烷氧碳、羧基碳以及 A/O-A 值分别上升 38.2%、27.3%
和 50.0%，而烷氧碳、芳香碳及芳香度分别下降 12.7%、32.4% 和 30.2%，说明长
期集约经营措施显著降低毛竹林土壤碳库的稳定性。

2.3　中国森林固碳增汇的对策与措施

2.3.1　中国森林固碳增汇的问题与挑战

2.3.1.1　存在的问题

（1）森林定义和范围不规范

森林面积和范围是森林碳汇评估和预测的核心之一，不同森林定义下，森林
面积和以其计算的森林碳储量和碳汇量也就截然不同。目前，中国森林面积、类
型和分布的数据主要来源于自下而上的全国性基础调查（如国土调查、森林资源
清查等）以及自上而下的土地利用遥感分类解译。不同来源的数据在定义、阈

值、分类等方面存在明显不同，从而造成不同研究文献中所采用的森林面积数据差异较大。现有预测研究大多基于未来中国森林面积保持不变的假设，没有考虑土地利用的变化，缺乏合理性和可信度。这将是未来森林碳储量及其变化量预测研究需要重点考虑的问题。

（2）森林固碳速率存在较大不确定

森林生态系统固碳速率是森林碳汇评估和预测的另一个核心问题，反映为单位面积碳储量（或碳密度）的年变化量。从方法来说，许多研究都简单采用"储量变化法"评价不同时期森林碳储量的变化，往往容易忽视土地利用变化（如林地征占、造林和再造林等）的影响，特别是对土壤碳库的影响。碳密度的评估方法、模型和参数的差异也会导致结果不确定性增加。

（3）林龄变化的复杂性

目前对于未来森林碳密度的预测，大多基于林龄与蓄积量（生物量或碳密度）关系来模拟。能否准确预测林龄随时间的变化是未来森林碳密度预测的关键。林龄变化具有非常高的不确定性，不一定会随时间同步增长，还受到森林自然死亡与更新、火灾病虫害、人为采伐、更新造林等因素的综合影响。现有研究大多假定森林的林龄变化总是与时间变化同步，且未来整体向成熟林和过熟林转化。这一假设缺乏合理性，也不符合林业生产实际，因此预测结果的可信度不高。

2.3.1.2 面临的挑战

（1）国土生态空间有限

我国森林碳汇能力的提升得益于森林面积增加和森林生长。我国森林覆盖率从 1977—1981 年的 12.00% 增长至 2014—2018 年的 22.96%（国家林业和草原局，2019），森林覆盖率增长已逐渐进入瓶颈期，年增长率从 20 世纪 90 年代初的近 20% 下降至今的 5% 左右，未来依托造林面积"量"的增长来发挥森林固碳功能不可持续。目前，我国尚存宜林地加之各类迹地的面积总计约 0.52 亿公顷，其中约 63% 分布在内蒙古、新疆、甘肃、宁夏、青海、陕西等地区（国家林业和草原局，2019），这些地区干旱与半干旱的自然条件导致造林通常难以成活和生长。实际上，我国适合植树造林地区仅有 0.33 亿公顷，主要来源于灌丛和草原转换为森林。预测结果显示，2010—2060 年通过新增森林面积的固碳速率仅为（25 ± 16）TgC/a。因此，我国未来通过新增森林面积来提升森林碳汇的难度将越来越大。

（2）森林固碳能力亟待提升

森林质量反映了森林所有生态、社会和经济效益的功能和价值。我国乔木林中，质量"好"的面积仅 20.68%，"中"的占 68.04%，"差"的占 11.28%，林地质量空间分布不均。我国森林以天然林为主，天然林面积和蓄积量分别占全国森林面积和蓄积量的 63.55% 和 80.14%，人工林面积和蓄积量所占比例仅为 36.54% 和 19.86%。不管是天然林还是人工林，均以中幼林面积占比大（60.94% 和 70.42%）；而天然林虽然近成过熟林面积占比小（39.06%），但蓄积量占比大（61.51%）。我国严格限制天然林采伐，天然林近熟林、成熟林、过熟林内可能形成大量枯立木、病腐木积压或腐烂，导致其整体固碳能力下滑，甚至形成碳源。因此，我国森林尤其是中幼龄林的固碳能力亟待提升。

（3）政策机制与配套措施不完善

我国实施的重大生态工程主要以政府投入为主，缺乏社会和市场参与，生态工程投资渠道单一，投入资金不足，进而造成我国生态保护与修复机制不完善、激励政策缺乏、公众参与积极性不高。另外，我国生态工程建设的重点区域主要集中在经济发展比较落后、人民生活水平不高、交通不便的地区，当地人民群众的生态保护与修复意识薄弱，缺乏鼓励各地统筹多层级和多领域资金、吸引社会资本积极参与重大工程建设的内生动力。以我国林业生态工程为例，目前仍然存在社会法制观念落后、生态林业建设发展滞后、科学理论指导作用欠缺、资金投入和生态补偿不足等问题，严重阻碍了我国林业生态工程建设及其固碳增汇效果。

2.3.2　中国森林固碳增汇的对策

2.3.2.1　优化生态空间布局，科学实施生态修复

巩固和提升我国森林生态系统碳汇是实现我国碳中和战略目标的主要途径之一，实现这一途径最具潜力的手段是基于自然的气候解决方案，其核心理念是尊重自然规律、适应自然条件、利用自然过程因地制宜制定基于森林生态系统理论的碳汇提升途径。这要求与我国国土空间主体功能区划相协调，合理规划和优化我国生态系统空间布局，辨识出我国重要的森林生态系统碳汇功能区，进而融入我国重要生态保护区、生态红线区及生态修复重大工程区的布局之中，协同推进基于国土空间理论的我国森林生态系统生态保护、建设与修复。

陆地生态系统碳汇地理格局及自然区划是制定我国碳中和行动空间布局的基础。在规划理念上，以提升森林生态系统碳汇功能为目标导向，以我国生态保护和修复规划为重要依据，以国土空间生态保护与综合修复为理论指导，从末端治理转向源头调控，从森林生态系统演替规律和内在机理出发，关注森林生态系统碳循环过程和固碳潜力，综合考虑森林生态系统内外各要素间的关联性，坚持因地制宜，统筹推进我国森林生态系统各要素的整体保护、系统修复、综合治理，从而提升我国森林生态系统碳汇功能。

2.3.2.2 科学认知森林生态系统碳汇形成机制，提升森林生态系统固碳能力

森林生态系统碳汇功能是森林生态系统碳收支响应环境变化的动态结果，而非森林生态系统的固有属性。我国森林生态系统整体上是一个重要的碳汇，其驱动机制来源于两个方面：一是受益于大气 CO_2 浓度升高，加快了森林生态系统的植物生长，促使原来的成熟生态系统进入非平衡态；二是我国过去几十年来广泛实施的退耕还林、天然林保护等生态工程使森林进入净生态系统生产力较大的早期演替阶段，形成显著的碳汇。对于森林生态系统而言，随着林龄的增加、成熟林比例上升，森林生态系统结构和功能趋于稳定和平衡，其碳汇能力也将逐渐降低。因此，要想长期维持森林生态系统较高的碳汇能力，需要科学的经营管理措施，延长森林生态系统碳汇服务时间，尤其是增强有效的人为管理对森林碳汇潜力的提升效果。

2.3.2.3 加强森林生态系统碳汇调查、监测、核算以及标准规范能力建设

近几十年，我国科研工作者对不同区域森林生态系统固碳增汇功能开展了一系列研究并取得显著成就。但由于研究样本大小、数据来源、估算方法等差异，导致对我国森林生态系统碳源／汇特征的认识还存在很大不确定性。因此，亟须通过"多数据、多过程、多尺度、多方法"相融合，构建"天—空—地"一体化、多尺度、动态化的森林生态系统碳收支调查、监测和计量体系，研发基于"生态过程—气候变化—社会影响"系统演变的森林生态系统碳汇预测模型，提升我国森林生态系统碳汇预测的稳定性，为制定行之有效的我国森林生态系统保碳增汇技术体系提供科技支撑。同时，加强科技攻关与技术研发，采用统一的技术标准对森林生态系统碳收支开展系统调查和动态监测，建立健全信息与数据共享机制，开展森林生态系统固碳增汇成效显著的技术集成、试验示范与应用推广，争取将我国森林生态系统固碳增汇技术纳入 IPCC 碳汇认证体系，为科学评估我国森林生态系统碳汇功能提供技术保障。此外，还应重视建立各种人为增汇技术和措施的碳汇核算方法、气候效果认证和评估技术标准，发展其可报告、可计量和可核查的技术体系。

2.3.2.4 探索森林碳汇价值实现机制与路径

中共中央办公厅、国务院办公厅于 2021 年 4 月 26 日联合印发的《关于建立健全生态产品价值实现机制的意见》，为陆地生态系统各生态产品的价值实现指明了方向。森林碳汇属于"气候条件服务"类生态产品范畴，推动生态碳汇尤其是森林碳汇价值实现机制能够为我国实现碳中和目标提供最稳定、最具成本优势的解决方案。建立森林生态碳汇价值实现机制，重点关注森林碳汇生态补偿、生态空间占补平衡及指标交易、碳（汇）交易、生态修复及价值提升、社会资本支

持碳公益、碳金融等，激励多元化主体参与积极性。探索森林碳汇价值实现路径，重点推动国内核证自愿减排市场并将其融入国际清洁发展机制碳汇市场，除了以国家政府政策法规为导向外，还要注重社会、企业和公众的参与意愿和价值认同，也要融合生态碳汇交易与生态补偿机制开展生态补偿试点与示范。

第3章　草原碳汇

草原是世界分布最为广泛的生态系统之一，约占世界陆地面积的 40%。草原碳循环过程十分活跃，栖息于草原的动物、草原植被与土壤联系紧密，草原生态系统碳循环系统复杂，这使草原生态系统具有良好的碳蓄积能力，其潜在碳汇对全球碳循环具有重要作用。草原是我国面积最大的陆地生态系统，也是深受人类活动影响的生态系统。我国草原广泛分布于生态脆弱区，对于气候和环境变化、人为干扰具有敏感性。基于全球变暖、过度放牧等原因，我国草原已大面积退化，生态系统失衡，固碳功能严重衰退。近年来，随着国家对草原保护和建设的重视，通过草原保护建设的实践，实现草原高效恢复和长期可持续利用，有望从恢复过程中逐步增加草原的固碳功能。随着碳汇市场的完善、碳汇交易的繁荣以及草原生态系统固碳功能的恢复，草原的巨大固碳潜力与碳汇价值将得以不断体现，其价值将反馈于草原保护，惠及草原居住的人民。因此，草原将在我国"双碳"战略中扮演重要角色，承担重要任务。

3.1　中国草原碳汇现状

3.1.1　草地植被碳库与空间分布

草地生态系统碳库主要包括植被碳库（地上和地下生物量碳库）和土壤有机碳库两部分。20 世纪 90 年代以来，不少专家学者利用不同方法对我国草地的生物量碳库和碳密度进行了估算。由于采用的方法不同，草地面积也有一定的差异，因此不同的研究给出的估算值存在较大差异。我国草地植被碳库的估算值为 5.6 亿～33.2 亿吨碳，相差近 6 倍；我国草地生态系统植被碳库约为 11.8 亿吨碳。

我国不同地区草地植被碳库差异较大，根据 1∶100 万植被图和遥感估算，我国各省（自治区、直辖市）草地植被碳库的变化范围在 11 万～28210 万吨碳，最大的是内蒙古，其次是西藏和青海，分别为 2.82 亿吨碳、1.86 亿吨碳和 1.75 亿吨碳，分别占全国草地植被碳库的 21.6%、14.2% 和 13.4%（图 3.1）。我国各省（自治区、直辖市）总生物量碳密度的变化范围在 2.49～10.52 吨碳／公顷，碳密度最小的是西藏 2.49 吨碳／公顷，其次是宁夏为 2.54 吨碳／公顷（图 3.2）。新疆的草地面积虽然排名全国第三，约占全国草地总面积的 13%，但由于该区主要分布着温性荒漠草原和温性草原化荒漠，因此其植被碳库仅占全国草地植被碳库的 11%。综合计算得知，我国六大牧区（西藏、内蒙古、新疆、青海、四川、甘肃）的植被碳库占全国草地植被碳库的 71%。

3.1.2 草地土壤有机碳库与空间分布

草地生态系统的碳库主要集中在土壤层中，约占草地生态系统碳库总量的 90%，而在高寒草甸中这一比例甚至高达 95%。草地生态系统土壤中的碳主要以有机碳的形式存在，而且主要集中于表层 0～20 厘米的土壤中。部分专家学者对

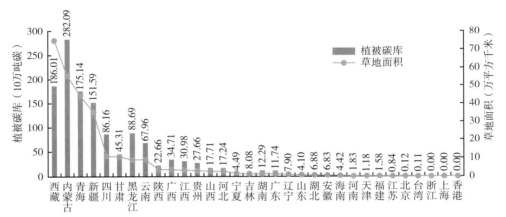

图 3.1 1982—2011 年我国部分省（自治区、直辖市）与香港特别行政区
天然草地的平均植被碳库

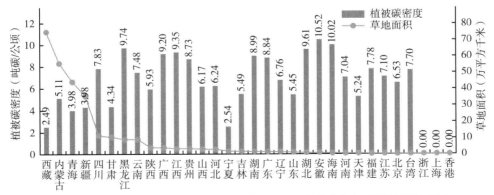

图 3.2 1982—2011 年我国部分省（自治区、直辖市）与香港特别行政区
天然草地的平均植被碳密度

我国草地的土壤有机碳库进行了估算，不同估算结果之间存在一定的差异，估算值在 167 亿～410 亿吨碳，平均值约为 300 亿吨碳。草地土壤碳库的空间变异主要与气候、土壤质地等因素密切相关。我国草地生态系统土壤碳库同样存在较大的空间变异，这主要是受降水导致的土壤含水量不同的影响，土壤质地不同也是导致土壤有机碳产生空间变异的重要因素。

相关研究结果表明，表层 0～30 厘米土壤的有机碳密度介于 4.1 吨碳／公顷（内蒙古地区）与 7.2 吨碳／公顷（新疆地区）；土壤有机碳库在不同地区间具有明显差异，数值最大的是青藏高原（68 亿吨碳），而数值最小的是内蒙古草原（18 亿吨碳）。草地生态系统土壤有机碳密度与年平均降水量呈正相关，具有明显的垂直分布特征，表层 0～20 厘米的土壤中有机碳含量相对较高。

3.2 草原生态系统固碳机制

3.2.1 草原生态系统碳循环

草原生态系统碳循环是全球碳循环的重要组成部分，是草原有机质生产的核心。一方面，草原植物通过叶片的光合作用固定大气中的 CO_2 合成有机质；另一方面，草地植物通过植物呼吸、凋落物分解和土壤呼吸作用将有机质分解，从而向大气释放 CO_2 而成为碳源。因此，草原生态系统在调节全球碳平衡、缓减大气中 CO_2 等温室气体浓度上升以及维护全球气候等方面中具有不可替代的作用。

草地作为全球最广布、面积最大的陆地生态系统，其碳循环过程很活跃，具有相当大的碳蓄积能力，这些潜在碳汇在全球碳循环中具有很大的作用。在草地生态系统中，植物、凋落物、土壤腐殖质构成了系统的三大碳库，其碳循环过程主要包括碳的固定、碳的储存和碳的释放。草本植物通过光合作用将大气中的 CO_2 转变为有机碳，是草地生态系统碳的主要来源，这一过程称为碳的固定。将固定的碳以有机质的形式储存在土壤中，形成草地土壤有机碳库。碳的释放主要通过植物自身的自养呼吸、凋落物的异养呼吸以及土壤的呼吸，其中土壤微生物利用土壤中的有机质释放 CO_2 是碳释放的重要途径。

影响草地生态系统碳循环的因素主要包括草地的碳输入量、土壤类型和地理区域。对于草地群落而言，初级生产力的形成是碳素向群落内输入的主要途径，草地群落中碳的输入量大小主要取决于群落初级生产力水平，而初级生产力主要受草地植物组成、水分、温度、生长季长短等自然因素的限制。此外，草地利用方式和强度等人为因素也会对初级生产力产生较大影响。不同土壤类型及地理区域也会影响土壤碳的输入及含量，主要包括土壤质地、植被类型、微生物和动物及各因素的相互作用。

粒径不同的矿物颗粒影响土壤有机质的生成、迁移及转化速率。黏粒土的比例增加会抑制有机质的分解，而沙砾土增多会降低土壤有机碳储量。植被类型差异导致凋落物量和根系生物量不同，使土壤表层及内部形成不同的微环境，通过微生物作用影响土壤有机碳输入和输出过程，导致不同植被类型间土壤碳储量和密度的差异。此外，土壤动物对土壤碳循环中枯落物分解、碳稳定性、植物和微生物的调节、土壤呼吸等关键过程的作用不容忽视，其可以通过自身取食、消化、分泌、呼吸、扰动掘穴等活动直接或间接地对土壤碳循环产生影响。另外，土壤动物、微生物和植物之间存在着复杂的相互作用，这些也会间接影响土壤碳循环。

3.2.2　草原植被与土壤固碳机制

草地植物是固碳的重要载体。例如，被称为"牧草之王"的苜蓿，单位叶面积固碳量为每天 447.2 千克 / 公顷，释放氧气量每天 325.2 千克 / 公顷，能通过其自身地上有机体固定大量的 CO_2，且在固碳的同时与其共生的根瘤菌固氮，可减少施肥；具有抗旱、耐寒等特性的冰草，固碳量为每天 99.6 千克 / 公顷，不仅草质优良能用于生态修复，而且适口性好，是优质牧草。

草地土壤突出的碳固持能力主要是由植物光合碳的输入、土壤自养微生物固碳及土壤团聚体包裹过程，促进植物残体的积累。草地植物光合作用固定的 CO_2 经过凋落物、根系和根系分泌物等根际沉积进入土壤，是土壤碳库重要的碳汇来源之一。碳输入量的多少取决于外源有机碳的数量和质量，较高的地上和地下生物量可以提高土壤的有机碳输入数量和碳贮存率；低碳氮比、快速分解的植物凋落物会通过微生物代谢优先进入土壤，而高碳氮比、分解缓慢的植物碎屑则通过一系列的酶促反应转化成微生物易于利用的物质后保存在土壤中，具有一定的滞后效应。根系分泌物作为土壤有机碳的直接来源，是草地碳输入不可忽略的部分，其中的单糖等水溶性有机碳通过根际富集的微生物同化，最终转化成土壤稳定有机碳。细根凋落物也是土壤有机碳的重要来源，草本植物细根凋落物更易驱动土壤有机碳的积累。

新输入的外源有机碳经过生物化学选择和物理化学保护进行转化，最终保存在土壤中，形成稳定的土壤有机碳库。外源输入的可溶性有机碳会优先通过微生物的利用转化成微生物残体，形成稳定有机碳；其余较难分解的有机碳首先经过微生物分泌的胞外酶分解，一部分转化成可以被团聚体保护的小颗粒有机碳，另一部分转化成微生物可利用的有机碳，参与微生物的生长迭代。草地土壤中不稳定有机碳也会转化成稳定的土壤有机碳，实现有机碳的固存，例如，进入土壤的颗粒有机碳会在特定的环境条件下，经过微生物的转化形成更稳定的矿质结合有机碳。因此，外源有机碳进入土壤主要通过微生物生长迭代和矿质结合形成稳定的土壤有机碳。

进入土壤的有机碳在固存的同时也伴随着 CO_2 的释放，主要包括植物根系自养呼吸和微生物分解有机碳产生的异养呼吸，其中由外源碳输入引起的激发效应占相当大的比例。由激发效应引起的碳释放增加了土壤碳循环过程中的不确定性，例如，地上植物群落组成差异和生物量多少都会影响凋落物的产量和质量，间接影响外源碳输入，改变激发效应的方向和强度，促进碳循环进程。

草原有机碳储量的变化受整个碳循环过程的调控，从植物光合固定碳到有机体进入土壤后的一系列物理化学生物过程，都是决定草原碳储量的步骤。植物群落结构会影响植物的光合作用，影响植物类群的生物量分配，间接影响土壤碳输入量。植物固定的有机碳进入土壤后，不同的微生物群落发挥相应功能，将有机碳拆解组装，转化成稳定的土壤碳。

3.3　草原碳汇问题

3.3.1　草原退化对碳汇的影响

草原的碳汇功能是指草原上的各种植物通过光合作用吸收大气中的 CO_2，并能够以有机碳的形式将其固定在草原植被或土壤中的能力，从而形成草原生态系统的"碳容器"。草原是陆地生态系统的重要组成部分，健康的草原生态系统具有丰富的碳储量和强大的碳汇功能。目前，草原退化是影响草原碳汇功能的最大问题。草原退化不仅会通过减少本地植物生长和植物生产力，导致草地植被覆盖率下降，加速土壤中碳的释放，增加大气中 CO_2 的浓度，加剧温室效应；同时还会减少草原土壤有机碳储量，进一步降低草地的固碳能力，减弱其碳汇的作用。以草地沙漠化为例，随着草地沙漠化的发展，土壤质地变粗、容重增加、土壤有机质含量显著降低，草原植被 – 土壤生态系统的碳储量迅速下降，草原的碳汇功能也随之减弱。

3.3.2　草原不合理利用对碳汇的影响

研究表明，不合理的人类活动会严重影响草原生态系统的碳汇能力。过度刈割和放牧、草原开垦等不合理的利用方式会导致草原退化，从而导致草原固碳潜力下降、草原碳汇功能受到影响。

3.3.2.1　过度刈割对草原碳汇的影响

高强度的刈割利用会显著降低土壤有机质含量。这可能是由于多年连续高强度刈割使草原植被光合部分长期受损，光合产物向地下运输的能力降低，草地初级生产力下降，营养物质储存减少，从而不利于第二年草地返青。此外，连续刈割收获的草产品带走了大量的碳、氮、磷等，致使草原枯落物减少，对刈割草地的初级生产力产生负反馈，不利于土壤肥力的蓄积、草地的可持续发展与碳固持。

3.3.2.2　开垦对草原碳汇的影响

开垦草原会出现土壤有机碳含量下降的现象，影响草原碳汇。草地开垦后土壤有机碳含量快速下降的原因主要是草原下层土壤有机碳含量比上层土壤低，草地开垦时的翻耕作用使上下层土壤相混合；在原本的草原生态系统中，土壤有机碳含量与草地植被已经构成了一种相对稳定的关系，草地开垦转变为农田或其他生态系统后，土壤环境条件发生了改变，微生物活动增强，对土壤有机碳分解加快；草地的多年生植被转变为农作物后，作物的地上部分全部收获，向地下转运的光合产物相对减少，严重影响碳通过枯落物向地下运输。

3.3.2.3　过度放牧对草原碳汇的影响

放牧是最常见的草原利用形式，也是人类对草原施加的最为广泛的干预方式。不合理放牧对草原植被、土壤养分及其周围环境有极严重的负面影响，草层高度、地表盖度显著降低，表层土壤直接裸露，加速了土壤风蚀。土壤风蚀的加剧进一步降低了草原的初级生产力和凋落物的积累，导致草地生态系统土壤有机碳含量降低。在较高的放牧率下，动物的选择性采食改变地上植被的组成，降低地上净初级生产力和植物群落生产力，减少地下碳的输入和草地生态系统的固碳量。放牧还会降低土壤中颗粒有机物向土壤有机碳的转化，降低土壤碳的固持。此外，过度放牧导致大量的地上植被被动物采食，降低群落的盖度，增加了土壤表面的光照强度，可能加快土壤表层枯落物分解释放 CO_2 的速率。

3.3.3　草原碳汇管理机制缺乏的影响

我国草原碳汇的法律法规及相关政策较少，对草原碳汇的宣传力度也不够。牧民作为草原碳汇的参与主体之一，虽是草原碳汇项目直接利益相关者，但其不了解"碳汇"及"草原碳汇"概念及其作用与功能，碳汇行为是被动而非主动，在一定程度上阻碍了草原碳汇的有效进展。与此同时，草原碳汇管理的专门机构和专业人才缺乏，草原碳汇发展技术落后、缺乏创新技术，草原生态要素碳汇核算方法缺乏等，也制约了草原碳汇系统科学发展。

3.4 草原碳汇展望

3.4.1 草原增汇方法

人类采取合理的草地管理措施，将从地上生物量和土壤质量两方面改变草地生态系统碳库的积累。退化草地恢复（包括围栏封育、免耕补播、人工草地建设）、人工种草、退耕还草是目前采取的三种基本的草地管理措施，也是当前提高草地生态系统碳储量，实现草地生态系统增汇的最经济、最具操作性的途径之一。草地补播和人工草地建设分别对中度和重度退化的草原进行恢复，从而提高草地生产力和植被覆盖度、优化群落结构和组成，实现固碳增汇的目的；围栏封育和禁牧休牧等措施是对轻度退化的草原进行恢复，其目的是减少牲畜对土壤的践踏和人类活动的干扰，植被生物量也得以提高，从而有利于草地生态系统的碳积累。但是，各种草地管理措施的影响过程和影响程度各不相同（表 3.1）。

表 3.1　不同草地类型在各种管理措施下土壤有机碳的增加量（克碳 / 平方米·年）

草地类型	补播	轻牧	中牧	重牧	过牧	围封	禁牧	数据来源
高寒草甸	126	−135	−300	−375	−562	—	46	
温性草原	107	−41	−73	−126	−240	37	12	
高寒草原	—	−176	−85	−362	−236	—	4	
山地草甸	—	—	—	—	−516	223	—	近 500 篇已发表的文献，采用整合分析
温性草甸草原	—	139	−292	−374	−230	68	18	
温性荒漠草原	—	4	−42	−52	−85	28	68	
暖性灌草丛	64	−194	−136	−150	—	—	—	

传统的农林业减排增汇技术主要包括造林、再造林和森林管理、农业保护性耕作、畜牧业减排、草地和湿地管理、滨海生态工程（如蓝碳养殖业）等绿色低碳减排或增汇技术措施。在草地上，当前应致力于应用和发展的技术措施包括：①实施生态保护修复重大工程，开展不同地理单元的山水林田湖草沙冰一体化保护和修复，持续增加草地面积和单位面积碳储量；②大力推进国土绿化行动，巩固退耕还林还草成果；③采取多样化的草地经营和管理措施，促进草原保护和合理利用。

3.4.2 草原增汇潜力

根据 IPCC 发布的评估报告，1 公顷天然草地每年能固碳 1.3 吨，等于减少 CO_2 排放量 6.9 吨。中国草地面积约 400 万平方千米，每年约能固碳 5.2 亿吨，等

同于每年减少 CO_2 排放量 27.6 亿吨，为全国碳排量的 30% ～ 50%。草地碳汇估算结果具有较大不确定性，我国草地生态系统的年均碳汇量为 704 万 ～ 8400 万吨碳，约占整个陆地生态系统的 10%。

我国草地碳源汇特征存在显著差异。基于过程模型和统计模型的研究表明，中国草地生态系统呈碳汇特征，碳汇强度为 1310 万 ～ 1760 万吨碳/年。基于"碳专项"数据的估算却显示，中国草地在 2001—2010 年是个弱的碳源（-340 万吨碳/年），这主要是由于这 10 年间草地土壤碳库下降所致。

从空间分布来看，我国草地碳源汇呈明显的区域分异特征。对于植被碳库而言，过去几十年大多数区域呈增加趋势，其中增加最为明显的区域是新疆和内蒙古东北部草地，而西藏西北地区、南方和内蒙古西部的草地植被碳库则显著降低。对于土壤碳库来说，不同方法得到的结果存在差异。基于两时期区域尺度以及相邻点的比较发现，1980—2000 年，无论是温带草地还是高寒草地，其土壤碳库的变化均不显著；基于随机森林方法得到的结果则显示，20 年间内蒙古温带草地表层土壤经历了显著的碳损失，而新疆山地草原的表层土壤表现为碳积累，青藏高原高寒草地表层土壤碳库则相对稳定。

我国草地碳源汇表现出明显的时间动态特征。其中，草地植被在过去几十年逐渐由碳汇转变为碳中性或弱碳源。基于遥感模型的研究结果表明，1982—1999 年我国草地地上生物量呈显著增加趋势；在更长时间尺度（1961—2013 年）过程模型的模拟结果也得到类似结论，但针对 1982—2006 年的研究结果却显示，中国北方草地的生物量碳库增加有限，特别是在 1988 年之后未表现出明显的变化趋势。最近的研究更是发现在 2001—2010 年，中国草地植被碳库呈下降趋势，表现出弱碳源特征。与植被碳源汇特征的时间变化趋势不同，我国草地土壤则表现出由碳中性逐渐转变为碳汇的变化规律。基于野外调查的实测数据和第二次全国土壤普查的数据分析发现，1980—2000 年北方草地土壤有机碳库并未发生显著变化。基于重采样方法的分析结果却显示，2000—2010 年青藏高原高寒草地和内蒙古温带草地土壤均呈明显的碳汇功能，碳汇分别为 3200 万吨碳/年和 2230 万吨碳/年。

3.4.3　未来草原碳汇发展建议

3.4.3.1　树立草原固碳增汇的科学理念，加强草原保护修复管理

首先要树立草地碳库的科学理念，明确草地与森林都是陆地生态系统的"大碳库"。其次要加强工程建设力度并加快实施草原生态补偿政策，继续加强退牧还草、人工饲草基地建设等工程的投入力度，利用草原补奖措施，通过轮牧、禁牧、休牧等不同的放牧方式鼓励农牧民合理利用草地资源，减少超载过牧现象，

实现草畜平衡，维持草原生态系统的稳定，在减畜的基础上实现增草、增效、增收，保障草原碳库的稳定和发展。此外还要完善草原监督制度，实现法治和科学管理，严厉打击违法占用、开垦草地资源的行为，保持草地资源的稳定发展。

3.4.3.2　加强草原可持续管理，完善草畜平衡制度

不同退化程度的天然草地在生态系统结构和功能上有很大差异，相应的固碳能力也有所不同。对未退化草地而言，应采取优化载畜率等措施，维持和提高草地生产力；对于退化草地而言，应采用相应的草地改良措施，恢复草地生机，增加牧草产量。在退化草地改良和人工草地建立时需要考虑当地种和引入种的合理搭配，在农区和农牧交错区通过高产人工草地的建立和天然草地改良与利用相结合，减少土壤的扰动，有效增加草地生态系统的固碳减排能力。在牧区，家畜是温室气体排放的主要来源，家庭牧场应通过优化家畜品种、调整畜群结构及载畜率等适应性管理措施，探索"低碳绿色草地畜牧业"，达到减少温室气体排放、增加草地固碳能力、实现草畜平衡的目标。

3.4.3.3　开展草原修复区碳汇功能自动监测，推动草原碳汇示范区建立

在全国选择草原生态保护修复工程的代表性区域，如退化草原生态修复区、退牧还草区、风沙源治理区、天然草原保护区、草原合理利用区等，建立不同修复技术及措施下草地固碳速率的自动监测体系，准确估算草原生态保护修复工程的碳汇功能。政府应通过联合牧民协会等方式，积极参与并建设固碳减排工程示范基地，在重点区域首先建立和推广一批草地碳汇交易潜在示范项目，如草畜平衡试验、退化草地修复、矿区植被恢复等不同类型，为大面积推广应用"低碳型草地畜牧业"生产模式积累经验和数据，引导机构和民众自觉、主动、持续地进行生态保护和建设。同时，培养相关专业人才，邀请国内外相关专家在项目和方法开发过程中提供技术支撑和专业指导。

3.4.3.4　建立草原碳汇交易试点，搭建草原碳汇交易信息化平台

中国应积极开展碳汇交易工作，探索有效的发展模式及符合中国国情的草原碳汇交易机制，深入推进草原地区生态保护和建设任务。按照先易后难的原则，在草地资源较为丰富的省份建立草地碳汇交易试点，从碳汇核算方法学、管理方式、交易体制等方面逐步推进，并将强制减排与自愿碳交易市场相结合，鼓励需要减排的企业将减排总配额的一定比例通过在自愿碳交易市场购买生态建设过程中多固定的碳汇，实现企业的"碳中和"。通过设计草原碳汇产品，发挥市场机制作用，建立草原碳汇交易生态补偿机制，积极参与国内外碳汇贸易，促进地方经济的发展和草地环境保护，建立相关的碳汇贸易运行机构及市场化的信息交易平台，确保碳汇贸易的健康发展。

第 4 章　湿地碳汇

湿地是陆地生态系统的巨大有机碳库。适宜的水湿环境、土壤条件、适应水湿环境的生物，以及密切相关的碳源汇过程，是湿地生态系统碳循环的基本特征。近年来，随着我国对湿地保护和恢复的重视，退耕还湿、退养还湿、湿地补水等湿地保护与恢复工程的实施，我国湿地碳汇功能得到了显著提升。本章通过系统梳理湿地碳汇的概念、核算方法和湿地碳汇增汇技术与对策等，能够为我国碳达峰、碳中和愿景提供理论和技术支持。

4.1　湿地碳汇的定义与功能

湿地是分布于陆域生态系统和水域生态系统之间具有独特水文、土壤与生物特征的生态系统，是地球最富生物多样性的景观和人类生存最为依靠的生态系统之一。湿地具有非常重要的生态系统功能，在净化水质、维持生物多样性、控制侵蚀等方面有其他系统所不能替代的作用，被誉为"地球之肾""鸟类天堂"，与森林、海洋一起并列为全球世界自然保护大纲中的三大地球生态系统。湿地作为水生与陆生的交替，除了可以直接或间接地为人类提供湿地产品和服务以外，固碳功能也是重要的生态系统服务之一，它不仅关系到湿地生产力和全球温室效应，也深刻影响我国碳达峰、碳中和的进程。湿地碳储量的变化会导致往大气中排放 CO_2 和 CH_4 等温室气体，进而影响全球气候变化。

湿地在生态系统发展过程中的土壤水分过饱和状态，具有厌氧的生态特性，导致湿地土壤微生物活动相对较弱，所以湿地碳汇是指湿地植物群落通过光合作用吸收大气中的 CO_2 并转化为糖类有机物，有机物在以厌氧微生物为主活动的湿地中不断积累，形成由动植物残体（根、茎、叶、花、果实、种子）和水组成的湿地土壤（图 4.1）。由于湿地土壤中过饱和水的厌氧环境，植物组分分解和释放 CO_2 的过程十分缓慢，植物组分通过腐殖化形成腐殖质和泥炭，从而有效固定了

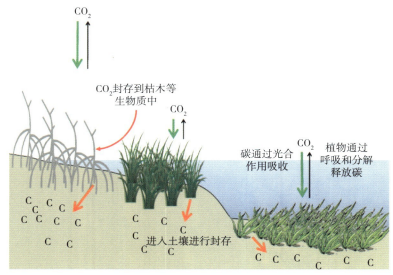

图 4.1　湿地碳汇过程模式图

（改绘自 https：//scottsmiraclegro.com/newsroom/capturing-carbon-in-a-wetland-near-you/）

植物生长发育过程中积累的大部分碳。湿地固碳的组成单元主要包括湿地植被生物量碳、水体中溶解碳和湿地土壤碳三类。其中，中国湿地土壤有机碳储量远大于湿地水体和植被碳储量。

4.2　我国典型湿地碳汇情况分析

我国湿地面积约为 3.6 亿公顷，其中 94.4% 为内陆湿地，5.6% 为滨海湿地。湿地土壤碳库的研究较为全面，湿地土壤碳储量范围在 37 亿～167 亿吨碳，中值为 76 亿吨碳。湿地碳储量主要包括植被碳库和土壤碳库，且土壤碳库普遍高于植被碳库。湿地植被碳库由光合作用、呼吸作用和凋落物分解的碳循环过程动态决定；土壤碳库由凋落物分解、根际碳输入和碳输出间的平衡决定；区域分布特征取决于湿地类型及其分布，典型的湿地生态系统类型主要有沼泽泥炭地、滨海湿地、湖泊和河流。

沼泽泥炭湿地是因长期过湿和缺氧环境，有机质不能充分分解而大量累积，进而形成的泥炭环境。通过湿地生态系统植物生物量计算得到若尔盖湿地的植物生物量为 197 万吨，若尔盖湿地常年积水沼泽、季节性积水沼泽的土壤碳密度（0～2 米）分别为 1077.5 吨/公顷、1770 吨/公顷。

河流湿地是将碳组分从陆地运输到海洋的重要路径，而湖泊湿地是碳元素汇集地和大气 CO_2 的主要释放源之一，二者在生物地球化学的碳循环中扮演重要角色，不同纬度与类型的河流湖泊碳通量和碳循环的影响因素不同，主要由区域水循环过程决定。根据湿地生态系统生物量计算和光合作用方程，植物每产生 1 克干物质，需固定 1.63 克 CO_2，相当于 0.44 克碳。例如，白洋淀 2011 年芦苇产量为 3.77 万吨，以此数据计算得到白洋淀当年固碳量为 1.66 万吨；洞庭湖 2010 年芦苇产量为 88.91 万吨，固碳量为 39.12 万吨；青海湖河口湿地和湖滨湿地总产草量为 1.81 万吨，折合固碳量为 0.80 万吨；鄱阳湖的植被产量为 711 万吨，固碳量为 312 万吨。

滨海湿地固碳功能主要取决于垂直方向沉积物的碳埋藏速率和水平方向的潮汐作用与海水中碳的交换。当前我国滨海湿地每年通过沉积物埋藏所固定的碳可达 97 万吨，在 21 世纪末将增加到 182 万 ～ 364 万吨。滨海湿地碳埋藏速率是陆地生态系统固碳速率的 15 倍，显示出极强的碳汇功能。同时，由于河水的搬移作用携带了大量的上游颗粒物质在河口地区沉积，在我国黄河口、长江口湿地的沉积速率远超其他非河口地区。滨海湿地碳汇过程主要通过沉积物中的碳埋藏、植物与大气的交换，与邻近水域存在横向输运，即滨海湿地生态系统将碳输送进入海洋的过程。此外，不同湿地植物群落之间的碳含量及固碳能力差异较大，相似植物群落在不同环境条件下的湿地，其生物量、碳分配和固定能力也会有一定程度的差异。

4.3　湿地碳汇潜力评估

湿地碳汇是生态系统应对全球变化的关键环节，与森林、草地等生态系统相比，湿地生态系统微生物活动相对较弱、植物分解缓慢，进而形成了富含有机质的湿地土壤，固碳效率高并且具有长期性与持续性，因此具有较高的固碳潜力。湿地生态系统储存的碳约占全球碳库的 18% ～ 30%。中国的湿地面积占世界湿地总面积的 10%，固碳潜力巨大。但是我国湿地碳汇潜力具有较大的空间异质性。

有研究发现中国湿地碳汇潜力达每年 1.2 亿吨碳，其中，沼泽、滨海湿地、河流和湖泊的碳汇分别为 0.30 亿、0.24 亿、0.28 亿和 0.38 亿吨碳 / 年，也有研究估算我国沼泽湿地的碳汇分别为 520 万和 300 万吨碳 / 年。不同区域中，辽河和长江三角洲滨海湿地的碳汇为每年每公顷 4.6 吨碳，松嫩平原和三江平原湿地为每年每公顷 1.1 吨和 0.6 吨碳，但青藏高原湿地则表现为弱源，强度为每年每公顷 −0.08 吨碳。从湿地类型来看，滨海湿地的碳汇速率最高，其次为河流和湖泊湿地，内陆沼泽最低。海岸带蓝碳汇潜力的核心是大气中 CO_2 被这些湿地植被固定后，能否永久性地被转化为稳态碳。由于滨海湿地具有非常高的碳埋藏率，可以将大量的有机碳长时间地埋藏在土壤或者沉积物中，但除了碳埋藏外，滨海湿地也向海洋输送大量的碳，这些碳通量甚至可能大于碳埋藏。输送的碳是否也属于滨海碳汇，这就需要知道通过输出的碳进入海洋后能否永久性地保存在海洋，这些都是影响湿地碳汇潜力评估的重要因素。

另外，退化生态系统的修复将显著增加湿地碳汇潜力，其中退化沼泽地与泥炭地的增汇潜力为 1230 万吨碳 / 年，但准确评估退化湿地生态系统的未来增汇潜力，还亟待加强生态系统退化现状以及不同生态管理措施对退化湿地恢复的影响研究。此外，湿地水体碳源汇功能研究仍相当匮乏。例如，青藏高原咸水湖泊占比远高于淡水湖，由于高 pH 有利于咸水湖泊对 CO_2 的化学吸收过程，咸水湖泊被认为是碳汇。在气候暖湿化背景下，湖泊湿地预计将会继续扩张，导致更多可矿化的陆源有机碳通过径流方式进入湖泊，冰川与冻土消融会降低水体 pH 值，不利于 CO_2 的化学吸收，增强湖泊 CO_2 排放，湖泊可能成为碳源。

全球范围内已开展了气候变暖、海平面上升、泥沙沉积等因素对湿地碳汇潜力的模拟预测研究，准确地评估湿地碳汇潜力将在未来减缓气候变化中发挥重要作用，除了需要深入了解气候变化和人类活动对湿地植被碳吸收、碳分配、碳埋藏等过程的影响，还需要全面把握气候变化和人类活动引起的植被群落空间分布及其演替动态对湿地生态系统碳汇潜力的影响。耦合植被群落演替与碳循环的模型是实现生态系统—景观—区域水平的碳汇潜力预测的有效途径。

4.4 我国湿地增汇技术途径

4.4.1 湿地植被修复与重建

植物是湿地生态系统必不可少的一部分，它们不仅可以净化水质，同时还可以改善环境、提供栖息地等。因此，植被修复对于湿地生态的恢复是极为重要的。植被恢复的关键是植物物种的筛选和群落配置。植被修复需根据湿地环境条件、湿地退化程度、当地人类利用方式等制定相应方案。例如，红树林修复中植物的固碳能力会随着环境变化而变化。水文、植被类型密度、底泥等对红树植物的生长、有机物的沉降、分解等过程有着极大的影响。芦苇因其极高的固碳能力常被用于修复湿地。东北退化芦苇湿地通过构建苇 – 鱼 – 虾 – 蟹复合生态系统，试验地的年均碳汇比试验前显著增加，达到每公顷 176.42 千克碳。青藏高原沼泽湿地的植被修复需结合围封、轮牧等措施，利用薹草、披碱草等优势植物，充分发挥其自然恢复的作用，对于中、重度退化的区域可适当补播本地草种。湿地植被修复与重建过程中应慎重选择外来植物。例如，滨海地区的互花米草虽具有较高的固碳能力，但其与芦苇、盐地碱蓬等本土植物形成种间竞争，改变了生物栖息生境，威胁滨海湿地的健康发展。

4.4.2　水文修复技术

湿地水文过程的调控通过改变湿地水体对碳吸收与转化的能力，进而影响湿地植物的光合速率和土壤有机物沉积过程，使湿地碳储存或碳汇能力增强。水文修复技术主要是通过生态工程技术调整湿地水位、增加水文连通性。退化湿地通过生态工程手段抬高水位，进而使退化湿地恢复到水分饱和的状态，降低有机质分解速率，减少 CO_2 排放。青藏高原的若尔盖湿地在实施以填、堵排水沟壑（对部分沟壑进行完全填埋，通过在沟渠上构筑水坝等设施来拦蓄和调控水位）为主要措施的修复工程后，湿地退化区水位得以抬升，沼泽湿地生态系统的 CO_2 排放量降低了 40%。

4.4.3　生境修复技术

生境修复技术是通过添加生物炭、微生物菌剂等改善不利于湿地生物生长繁殖的生境，提高湿地碳汇。在全球范围内，施用生物炭可以减少 34 亿～ 63 亿吨 CO_2 的排放。添加生物炭可促进湿地植物生长，增加湿地土壤中 4%～ 6% 新植物残体的保留量，减少无机营养流失，降低湿地温室气体 CH_4 和 N_2O 的排放。此外，丛枝菌根真菌可以与湿地植物共生，协助湿地植物生长。

4.5　我国湿地增汇对策措施

4.5.1　滨海湿地增汇措施

中国滨海湿地面积约 153 万公顷，海岸带分布着红树林、盐沼、滩涂、海草床、珊瑚礁等多种滨海湿地生态系统类型。中国的盐沼、红树林和海草床的碳埋藏速率分别为每年每公顷 1540 千克、1240 千克、430 千克。相关研究发现中国滨海湿地面积在 1984—2011 年减少了约 50%，但随着保护恢复政策的实施，从 2013 年后逐步回升，截至 2018 年回升到 1984 年 70% 水平，保护恢复计划和已实施的沿海湿地生态修复工程对湿地碳汇功能提升具有重要作用。

4.5.2　河流湿地保护增汇措施

河流湿地主要以溶解有机碳（DOC）为主。相关研究发现内陆河流每年至少沉积 1.52 亿吨的溶解无机碳，这个数值与深海碳汇相当，因此河流湿地具有巨大的增汇潜力。近年来我国通过了《中华人民共和国长江保护法》和《中华人民共和国黄河保护法》，使我国最大的两条河流得到了充分保护。《中华人民共和国水土保持法》发布以后，我国的河流湿地面积不断增加，为河流湿地的增汇起到了巨大作用。

4.5.3 湖泊湿地保护增汇措施

我国有湖泊 24800 多个，面积约 91020 平方千米。随着《青藏高原区域生态建设与环境保护规划（2011—2030 年）》的实施，2010—2020 年青藏高原的 15 个湖泊总面积平均每年扩张 24.47 平方千米。《中共中央关于制定国民经济和社会发展第十四个五年规划和 2035 年远景目标的建议》和《湿地保护法》中均提出要加强大江大河和重要湖泊与湿地生态保护治理，对我国湖泊湿地碳汇提升具有巨大意义。

4.5.4 沼泽湿地恢复增汇措施

中国有内陆沼泽湿地 16.04 万平方千米、内陆滩涂湿地 5.89 万平方千米。泥炭地是沼泽湿地特有的自然产物，裸露泥炭地主要分布于东北、西北和青藏高原地区的沼泽地带，云贵高原和长江中下游地区是埋藏泥炭地主要分布区域。沼泽湿地恢复是指通过生物、工程技术对退化或消失的湿地进行修复或重建，恢复为自然沼泽湿地。相关研究发现，三江平原退耕还湿 10 年的芦苇湿地土壤碳含量比农田高约 20%，宁夏湿地恢复工程使湿地平均土壤碳密度增加了 7084.9 千克 / 公顷。由于泥炭地破坏后导致深层土壤碳以温室气体的形式释放到大气中，而且很难恢复，因此应优先保护现有的泥炭沼泽湿地。《中华人民共和国湿地保护法》禁止在泥炭沼泽湿地开采泥炭或者擅自开采地下水；禁止将泥炭沼泽湿地蓄水向外排放（因防灾减灾需要的除外）。这将有利于维持泥炭地水位，防止水位下降和碳释放。

第5章 荒漠碳汇

荒漠指的是气候干燥、降水稀少、蒸发量大、植被贫乏的地区。荒漠地区虽然植被稀疏，植被和土壤固碳作用相对较弱，但是由于荒漠生态系统面积巨大，其固碳总量仍不可小觑（表 5.1）。荒漠生态系统碳汇主要考虑土壤无机碳和生物结皮部分，不包括地上可能重复计算的森林和国家特别规定的灌木林地。荒漠和碳汇的关系主要表现为：一方面，荒漠地区植被和土壤在有利的自然条件（降水增加等）和人为条件（荒漠绿化等）下，碳循环过程总体表现为碳汇，主要包括植被固碳和荒漠盐碱土以无机方式固碳等；另一方面，荒漠地区植被和土壤在不利的自然条件（干旱等）和人为条件（植被破坏等）下，导致荒漠地区荒漠化扩张，生物量碳减少，土壤有机碳和无机碳矿化向大气释放 CO_2 等温室气体，主要表现为碳源。人类干扰强度增加导致的土地退化/荒漠化是土壤有机碳向大气加速释放的主要原因，尤其对于干旱、半干旱区脆弱的生态系统而言，非持续的土地利用方式加速了土壤向大气释放碳的过程。因此，荒漠化及其防治对生态系统碳汇能力的影响研究亟待加强。

5.1 荒漠碳汇现状

干旱荒漠生态系统植被稀疏、生物活动微弱，土壤无机碳成为荒漠生态系统的主要库存形式。中国西北干旱区土壤无机碳库约为有机碳库的 2～5 倍，约占全国土壤无机碳库的 60% 以上，每年我国干旱地区土壤中碳酸盐截储大气碳的规模在 1500 万吨碳，这对全球碳固定及大气 CO_2 的调节具有重要意义。干旱地区无机碳的累积速率高于有机碳，无机碳库的密度和储量也远大于有机碳库，甚至无机固碳能力高于全国农田有机固碳能力。我国已有的土壤无机碳估算研究大都采用 20 世纪 80 年代第二次全国土壤普查资料，土壤深度多为 1 米，据估算我国北方沙漠地带无机碳储量约为 150 亿吨。

表 5.1 全球荒漠生态系统固碳能力

区域	年均降水量（毫米）	固碳量（克碳/平方米·年）	参考文献
墨西哥巴哈半岛	174	39～52	Hastings et al., *Global Change Biology*, 2005
美国莫哈韦沙漠	150	102～127	Jasoni et al., *Global Change Biology*, 2005
中国新疆阜康站	173	49	Liu et al., *Hydrological Processes*, 2012
	164	25±12.7	Ma et al., *Biogeosciences*, 2014
中国宁夏盐池站	287	77	Jia et al., *Biogeosciences*, 2014
中国塔里木盆地	30～50	21.4±11	Li et al., *Geophysical Research Letters*, 2015
中国塔克拉玛干沙漠	25.9	7.11	Yang et al., *Geoderma*, 2020

受水资源及环境条件的限制，干旱区维管束植物在地表的连续分布受到极大限制而呈斑块状分布，为生物土壤结皮的广泛发育创造了有利条件，形成了维管束植物与生物土壤结皮共同存在镶嵌分布的格局，甚至在一些极端干旱区域，生物土壤结皮占地表覆盖率的 70% 以上。生物土壤结皮可以通过其组成生物体中的蓝藻、地衣、绿藻和藓类的光合作用进行碳固定。此外，生物土壤结皮的重要组成者——土壤微生物，在生物土壤结皮形成、土壤质量提高和营养元素转化中发挥积极作用的同时，其发育也有效地增加了土壤微生物碳，成为荒漠生态系统碳固存的重要来源。

5.2 荒漠碳汇潜力

5.2.1 有机碳碳汇潜力

荒漠生态系统有机碳的扩增主要指植物光合作用固碳。荒漠生态系统中的植物固碳扩增主要体现在植被面积扩增、生长状况改善以及植被类型改变等方面。植被面积的扩增除了受到自然因素（降水量增加等）的影响，人类的积极作用（退耕还林还草、草场封育等）也是荒漠地区植被面积扩增的重要因素。此外，人类活动干扰程度的降低也在一定程度上使荒漠植被的生长状况得以改善，进而使荒漠植被地上地下生物量碳储扩增。

按平均植被指数增加 0.005 水平推算，2030 年我国潜在荒漠化地区地上平均生物量碳为 1320.4 千克/公顷，其中亚湿润干旱区最高（798.7 千克/公顷），半干旱区次之（491.8 千克/公顷），极干旱区最低（29.9 千克/公顷）；总生物量碳以半干旱区最高（6399 万吨），亚湿润干旱区次之（4996 万吨），极干旱区最低

（342 万吨），2030 年荒漠化地区地上生物量碳总量为 11737 万吨。可见，荒漠生态系统虽然植被稀疏，但是地上生物量碳总量仍然十分可观。

除了多年生矮半乔木、灌木、半灌木、矮半灌木和旱生草本植物外，短命植物也是荒漠生态系统中植被固碳扩增的重要途径。短命植物以其种类繁多、生态意义显著深受国内外学术界关注。在荒漠生态系统内部，受降水量的影响，生长着许多适应短期降水的植物类型。据记载，中国的早春短命植物区系主要分布在新疆北部，共 200 余种类。以古尔班通古特沙漠为例，统计到的短命植物有 66 种，约占该沙漠已发现植物种类数的 1/3。短命植物在生长季的 4 月初萌动出土，在两个月左右的时间完成整个生长发育过程。4、5、6 月大部分沙垄表面乔灌木和长营养期的草本植物盖度不足 10%，而短命植物盖度分别为 13.9%、40.2% 和 14.1%，充分表明了短命植物对荒漠生态系统碳汇扩增的积极意义。而常用的荒漠生态系统碳汇估算由于监测时间的差异，忽略了荒漠生态系统中短命植物的碳汇贡献。因此，根据短命植物生长特点，合理选择荒漠植物固碳监测时间对于准确计算荒漠生态系统植被生物量碳具有重要意义。

5.2.2　无机碳碳汇潜力

土壤碳库是陆地生态系统中最大的碳库，土壤碳库动态及其驱动机制研究是陆地生态系统碳循环及全球变化研究的重点。土壤碳包括有机碳和无机碳，其中无机碳主要指存在于干旱土壤中的碳酸盐碳，由岩生性碳酸盐碳和发生性碳酸盐碳组成，而发生性碳酸盐在形成过程中可以固存大气 CO_2，其形成与周转对干旱区碳循环具有重要影响（图 5.1）。荒漠生态系统中大量的土壤无机碳在全球碳储存、缓解大气 CO_2 浓度升高过程中具有重要作用，并在全球碳循环过程中的贡献日益显著。中国西北干旱区土壤无机碳库是有机碳库的 2～5 倍，占全国土壤无机碳库的 60% 以上，每年我国干旱性土壤中碳酸盐截储大气碳的规模在 150 万吨碳，这对全球碳固定及大气 CO_2 调节意义重大。

荒漠盐碱土作为分布广泛的一种土壤类型，在干旱区生态系统中占有尤其重要的地位。盐碱土 1 米以下有大量的无机碳存储，其中近 80% 碳存储在 1 米以下，50% 存储于 3 米以下。中国西北荒漠生态系统盐碱土发育较好，许多地方土壤厚度超过 3 米，因此中国干旱区无机碳储量仍未精确量化。此外，荒漠生态系统中的盐碱土对 CO_2 具有一定的吸收作用，无机碳通过绿洲区农田灌溉淋洗和荒漠区洪水以及地下水流动，以地下咸水的形式被固定。因此，干旱区地下咸水是一个巨大的活动无机碳库，是陆地上土壤、植物之外的第三个活动碳库，其量级初步估计可达万亿吨。

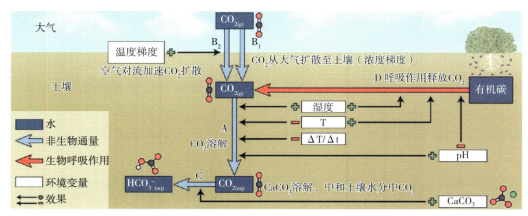

图 5.1　荒漠土壤非生物碳通量——吸收 CO_2 机理（修改自 Sagi *et al*.，2021）

5.3　荒漠固碳增汇提升对策措施

荒漠化的过程是一个碳源过程，荒漠化防治的过程是一个碳汇过程。因此，加强对荒漠化的治理和修复将是保护和增加荒漠碳汇的重要措施。在荒漠碳汇扩增战略中必须遵循保护优先、综合治理的原则，完善相关政策和法规，加大对荒漠生态系统的保护和修复力度，才能为增加荒漠碳汇提供有力保障。

5.3.1　荒漠固碳增汇技术途径

5.3.1.1　光伏治沙减碳

作为我国以沙漠、戈壁、荒漠地区为重点的大型风电光伏基地项目，甘肃武威 50 万千瓦立体光伏治沙产业化示范项目自启动建设以来，将太阳能开发与腾格里沙漠治理有机结合，在建设光伏电站的同时，在光伏板下栽植沙生植物，既能起到防风固沙的作用，也为下一步发展板下农牧业奠定了良好基础。

2017 年开始，在库布齐沙漠建设占地 10 万亩、规模为 200 万千瓦的光伏治沙项目。自 2018 年项目投运以来，已累计输出绿电 23.12 亿千瓦·时，相当于节省标准煤 76 万吨、减少 CO_2 排放 185 万吨，相当于种下近 105 公顷的森林。

5.3.1.2　加快三北防护林树种更新改造

三北地区面积约占我国国土面积的 42%，三北工程实施 40 多年来为国家生态文明建设作出了巨大贡献，但目前三北工程区杨树面积 435.96 万公顷，老化退化现象严重，树龄都已超过 30 年，60% 以上为过熟林，亟待更新。建议紧密对接全国"双重"规划，系统衔接黄河流域生态保护和高质量发展等国家重大发展战略，尽快推进三北防护林树种更新改造，提高干旱区植被碳汇潜力。同时，选择与培育适应气候变化和抗逆的树种，改善林分结构，针对性地培育长周期树种等后备资源的培育，借以增强森林抵御气候风险的韧性，维持和提升森林固碳增汇功能。

5.3.2　荒漠固碳增汇政策途径

5.3.2.1　加强沙化土地封禁保护区建设

设立沙化土地封禁保护区是《防沙治沙法》的一项重要规定。《国务院关于进一步加强防沙治沙工作的决定》也明确提出："加强沙化土地封禁保护区建设和管理""要安排资金用于沙化土地封禁保护区建设"。划定沙化土地封禁保护区的主要目的是通过强制性的保护措施，杜绝各种人为的破坏活动，达到保护或维持地表原始状态、恢复林草植被、减轻和缓解风沙危害、改善区域生态状况的目的。

我国从 2013 年开始进行沙化土地封禁保护区试点工作，截至 2020 年年底，已在内蒙古、陕西、甘肃、青海、宁夏、新疆、西藏 7 省（自治区）建设 108 个沙化土地封禁保护区，总面积达 177.2 万公顷。据测算，按照沙化土地封禁保护区划定的基本条件，我国适合封禁保护的沙化土地总面积约 60 万平方千米，主要分布在西北荒漠和半荒漠地区以及青藏高原高寒荒漠地区。由于这些地区降水量很小，植被破坏容易但恢复艰难，只有封禁保护才能使当地生态得以恢复。国内外经验表明，实施封禁保护后，沙区植被在若干年内能够自然恢复，即使没有植被覆盖的沙地，表面也会形成保护性"结皮"，这也为荒漠生态系统碳汇的扩增提供了空间。

5.3.2.2　加强荒漠自然保护区和国家沙漠公园建设

荒漠自然保护区是一种被认知、划分和建立较晚的自然保护区类型，也是保护和发展难度最大的一种自然保护区。截至 2020 年年底，中国已建立各类自然保护区 2688 个，总面积达 9764.53 万公顷，包括森林生态、内陆湿地、荒漠生态、草原草甸、野生动植物等类型。其中，荒漠类及荒漠生态系统重要野生动物保护类国家级自然保护区 15 个，总面积占全国自然保护区总面积的 44.84%，分布在内蒙古、甘肃、新疆、青海、宁夏、陕西、西藏等荒漠化严重的省区。

2013 年 10 月，国家林业局启动国家沙漠公园建设试点工作。2016 年 10 月，国家林业局发布《国家沙漠公园发展规划（2016—2025 年）》，规划的总体目标是到 2025 年重点建设国家沙漠公园 359 个，总面积 142.7 万公顷；规划的重点区域在我国北方干旱、半干旱地区。沙漠公园是为了保护荒漠生态系统的完整性划定的、需要特殊保护和管理，并适度利用其自然景观开展生态教育、科学研究和生态旅游的自然区域，它既强调了保护的根本属性，也不排斥适度的科学利用，能较好地处理自然生态保护和资源合理利用的矛盾。因此，国家应当加强对荒漠自然保护区和国家沙漠公园的建设，预防和减少荒漠化的产生和扩展，增强荒漠生态系统适应气候变化能力，这也是一个减少荒漠碳源、增强荒漠碳汇的途径。

5.3.2.3　加强荒漠治理重点工程建设

长期以来，中国政府十分重视荒漠化防治工作，相继启动或实施了一系列综合防治工程，如三北防护林体系建设工程、京津风沙源治理工程、退耕还林工程、国家水土保持重点建设工程等。同时，还包括农业综合开发土地治理项目、农业综合开发防沙治沙项目、全国防沙治沙综合示范区建设项目、沙化荒漠化监测、荒漠化综合治理与修复技术研究与示范等国家重点项目。除了国家的重大工程外，还相继启动了新疆塔里木盆地防沙治沙、石羊河流域防沙治沙及生态恢复、西藏生态安全屏障保护与建设等区域性防沙治沙工程项目。这些在荒漠化地区实施的生态工程和重点项目主要通过人工造林、封山育林、低产低效林改造、工程固沙等措施治理荒漠化沙化土地、控制水土流失，此类项目在改善项目区生态环境的同时，在碳增汇扩增方面发挥了重要作用。

第6章 海洋碳汇

海洋碳汇（蓝碳）的形成和储存主要依赖于海洋生态系统和海岸湿地的自然过程，如光合作用、腐殖作用和沉积作用等。在海洋中，浮游植物和海草通过光合作用吸收大量 CO_2，并将其转化为有机碳储存在生物体内。当这些生物死亡后，它们的残骸会沉入海底并沉积，形成海洋沉积物中的有机碳。

海洋是地球上最大的碳库和碳汇，储存了地球上超过 90% 的 CO_2，每年大约可吸收排放到大气中 CO_2 的 30%，是全球气候变化的"缓冲器"。尽管从海－气通量看，中国海是大气 CO_2 的"源"（约 900 万吨碳 / 年），但考虑河流、大洋输入、沉积输出以及微生物作用后，中国海是重要的储碳区。我国近海 CO_2 地质封存潜力巨大，预测潜力达 2.58 万亿吨，可为我国"双碳"目标实现提供重要支撑。

6.1 海洋碳汇发展现状

6.1.1 关于蓝碳的国际共识不断增强

2009 年以来，国际社会在蓝碳领域开展了广泛合作，在科学研究、政策制定和管理实践等方面取得了许多成果。国际蓝碳合作也从科学研究向纳入国际气候治理方向不断推进，不少国际组织和国家已着手推动蓝碳国际规则制定。2010 年，全球 100 家环保组织和 43 个国家的 150 名科学家发起了"蓝色气候联盟"活动。保护国际和政府间海洋学委员会等联合启动了"蓝碳倡议"，成立了蓝碳政策工作组和科学工作组，发布了《蓝碳政策框架》《蓝碳行动国家指南》《海洋碳行动倡议报告》等一系列报告。

2013 年，IPCC 发布《2006 年 IPCC 国家温室气体清单指南的 2013 年补充版：湿地》，标志着蓝碳被正式纳入《联合国气候变化框架公约》（UNFCCC）相关机制。2016 年，在 UNFCCC 第 22 次缔约方会议上，各国签署了蓝碳倡导声明，表达了对蓝碳在应对气候变化中的重要作用和发展的支持。这些国际共识为蓝碳的开发和利用提供了重大支持和保障。2019 年 9 月，IPCC 发布了《气候变化中的海洋与冰冻圈特别报告》，提出蓝碳是海洋生态系统减缓气候变化的主要途径，将蓝碳定义为"易于管理的海洋系统所有生物驱动碳通量及存量"，并指出对人为减缓措施的讨论应着眼于海洋可再生能源利用，在自然减缓措施方面则以蓝碳为主。

2021 年，焦念志院士领衔的"海洋负排放（ONCE）"大科学计划通过了国际专家函评和联合国教科文组织政府间海洋委员会咨询委员会会审，纳入"联合国海洋科学促进可持续发展十年"行动计划，成为联合国十年倡议计划框架下的大科学计划。

随着海洋碳汇重要性凸显，国家和地方先后出台了一系列政策、意见、方案等，促进了海洋碳汇相关领域的发展。2021 年 9 月，中共中央和国务院发布了《关于完整准确全面贯彻新发展理念做好碳达峰碳中和工作的意见》指出"整体推进海洋生态系统保护和修复，提升红树林、海草床、盐沼等固碳能力。"2021 年 10 月，国务院印发了《2030 年前碳达峰行动方案》，强调稳定海洋固碳作用，提升海洋生态系统的固碳能力，开展海洋碳汇本底调查，推进"海上风电 + 海洋牧场"等低碳农业模式。2022 年 6 月，科技部等九部门印发《科技支撑碳达峰碳中和实施方案（2022—2030 年）》，指出要"研究海洋微生物碳泵增汇技术"。2022 年，国务院印发了《国务院关于支持山东深化新旧动能转换推动绿色低碳高质量发展的意见》强调要定期对湿地、海洋等碳汇本底调查、碳储量评估、潜力分析。2022 年 11 月，《农业农村部关于加强水生生物资源养护的指导意见》指出"积极开展海洋牧场渔业碳汇研究"。2022 年 12 月，山东省人民政府印发《山东省碳达峰实施方案》强调大力发展海洋生态系统碳汇。2023 年 3 月，浙江省发展和改革委员会、浙江省自然资源厅、浙江省生态环境厅联合发布《浙江省海洋碳汇能力提升指导意见》，旨在科学研判海洋碳汇家底和提升潜力，着力破解制约海洋碳汇发展的关键环节和重点领域，实施海洋碳汇科学研究、海洋生态保护修复、海洋碳汇融合发展、海洋碳汇价值多元转化、海洋碳汇试点五大任务，推动海洋生态系统固碳增汇能力显著提升，为实现碳中和贡献蓝色力量。

6.1.2 海洋碳源－汇监测技术发展和应用

近几十年来，世界主要海洋国家先后建立了生态系统固碳速率空间估算方法，包括样地调查、通量监测、模型模拟、遥感估算等。对于水中溶解 CO_2 的测量方法目前主要分为两类：一类是传统的现场采集水样，然后在科考船或者带回实验室利用气相色谱、质谱或红外光谱技术进行测量；另一类是原位探测方法，可在现场进行快速、连续的测量，主要包括拉曼光谱、质谱法、红外吸收光谱法等。近年来，随着遥控无人潜水器、自主式水下航行器、滑翔机、Argo 浮标、智能浮标等水下运载平台的发展和广泛应用，CO_2 的时空变异性测量更为便捷。

6.1.3　海洋碳汇技术

6.1.3.1　微生物碳汇技术

微型生物碳汇技术主要通过生态工程和技术创新吸收、储存 CO_2，大量快速增加海洋碳汇和储碳量，主要包括陆海统筹减排增汇、微生物和化学联合碱性矿物增汇、海洋缺氧区微生物介导的有机 – 无机联合增汇。目前，人工海洋碱化在国际上被认为是最有效且副作用较小的负排放技术。碱性矿物通过微生物和化学联合作用实现固碳，尤其是在低 pH 环境下，可进一步增加其固碳效率，同时缓解海洋酸化。国际上对于微生物介导的橄榄石增碳汇技术处于起步阶段，主要集中在欧洲学者（英国、荷兰和德国等）对其固碳储碳效率以及环境效应进行相应的模型评估方面。目前，中国科学家已经利用批量实验分析橄榄石溶解的动力过程和微生物环境效应。

6.1.3.2　人工上升流技术

养殖海区人工上升流增汇技术是一种通过放置人工系统形成自海底到海面的海水流动，促进海洋吸收大气 CO_2，实现碳汇扩增的生态工程技术手段之一。目前研究比较深入的技术包括：①人工鱼礁式人工上升流技术，该技术发展历史相对悠久，属于人造海底山脉的一种，主要通过改造海底地形，向近海岸较深水域投放大型水泥砖块、废船等材料，形成人工鱼礁，并在海流的作用下引发人工上升流；②水泵式人工上升流技术，主要应用于日本以解决修建堤坝引起的物理和生态环境变化的问题，可以通过水泵式密度流发生装置将来自海底的富营养盐、低氧海水抽取至上层，排放并维持该富营养盐混合海水在密度跃层附近，以供浮游植物生长并制造良好的渔业生境；③波浪式人工上升流技术，最初由美国提出并进行海域试验，证明了深层海水可被波浪泵成功提升至海洋表面，该技术一直处在优化中，至今尚未实现大规模应用；④气力提升式人工上升流技术，通过布设气力提升式人工上升流装置，解决层化现象严重时真光层营养盐浓度不足且氮磷比例失衡所导致的一系列生态问题。

6.1.3.3　碳封存技术

海底 CO_2 地质封存是将沿海的工业排放 CO_2 捕集后，输送到海上并注入海底深部咸水层（包括枯竭油气田），进行永久封存隔离的一项减排技术。全球海上沉积盆地分布广泛，蕴含巨大的 CO_2 地质封存潜力，因此海上 CO_2 地质封存相比陆地环境有更大潜力和机会。

6.1.3.4 渔业碳汇技术

渔业碳汇是指通过渔业生产活动促进水生生物吸收或使用水体中 CO_2 等温室气体，并通过收获把这些已经转化为生物产品的碳移出水体，或通过生物沉积作用将其沉降于水底的过程和机制。渔业生产活动通过直接或间接地吸收或使用水体中的 CO_2，提升了水域生态系统的碳汇能力。

6.2 问题与挑战

尽管近 20 年我国在海洋碳汇监测和核算方面发展迅猛、成效显著，但依然存在本底不清、数据滞后、连续性差、影响力不足、标准缺乏等现实问题。

6.2.1 碳汇监测计量体系尚待健全

（1）碳汇监测方法未能满足高度时空异质性的海洋生态系统固碳量监测需求

围绕海洋碳源 – 汇计量需要，先后建立发展了样地调查、通量监测、模型模拟、遥感估算等生态系统固碳速率估算方法，但当前各种固碳速率的监测方法还不能满足海洋生态系统固碳量监测需求，未来需要发展和整合陆海空天多种观测技术手段，并与数值模型（或数据模型）深度融合，提供区域和全球尺度的海洋生态系统碳汇精确估算方法体系和科学数据产品。

（2）海洋碳源 – 汇格局仍未摸清，缺乏有效评估海洋碳汇能力的监测监控体系

中国海各海区具有复杂的碳源 – 汇格局，但目前不同海区观测网布局站点代表性不足、体系化不强，观测手段与硬件设施尚不完善，无法满足长周期、广覆盖和高分辨的需求，导致碳源 – 汇格局仍未摸清，结果存在很大的不确定性。海洋碳源 – 汇过程所涉及的监测参数相比陆地生态系统更为复杂多样，系统和完善的海洋碳监测指标体系亟须建立。监测的参数包括但不限于 CO_2 分压、溶解无机碳、pH、总碱度、营养盐、叶绿素、溶解氧、初级生产力、沉降颗粒有机碳、悬浮颗粒有机碳、溶解有机碳、固碳速率、细菌生产力及浮游生物群落结构等生化参数。

（3）海洋碳汇监测仪器装备产业已具雏形，但产业化缺乏核心竞争力

我国海洋碳汇监测监控仪器装备产业已具雏形，主要包括高精度 CO_2 传感器、海面浮标和海底潜标观测技术装备、卫星和无人机遥感监测装备等；然而，海洋碳汇监测监控仪器关键元器件技术研发、检测、产业和推广应用脱节严重，产业生态长期不完备不健全，主要装备系统国产化长期徘徊在实验样机阶段，特别是

海洋碳汇及相关生物生态和化学要素实时监测核心元器件制造自主化严重不足。

（4）尚未形成体系化的渔业碳汇应用理论和计量方法

当前渔业碳汇还没有形成体系化的应用理论、模型、标准、计量方法等，渔业碳汇增汇关键技术有待突破，技术体系有待进一步集成和提升，渔业碳汇交易系统尚未建立，下一步有必要加强该领域的研究和投入，为实现我国碳中和目标作出"渔业贡献"。

6.2.2　碳汇评价体系与交易政策不完善

6.2.2.1　海洋碳汇价值核算内容需要完善

现阶段的海洋碳汇价值评价主要以核算经济价值为主，通过分类核算主要海洋生物碳汇的价值，再进行汇总得出海洋碳汇的经济价值。在经济价值分类核算过程中，往往忽视或者难以兼顾海洋生物碳汇价值的多元性，而且由此导致价值核算中出现遗漏或重复计算。例如某些海藻类、贝类海洋生物的食用及药用价值是常规的核算内容，但其作为生物原材料进行科研的社会价值、维持海洋生态系统平衡的生态价值等如何科学合理的纳入碳汇价值核算的体系值得关注。

6.2.2.2　海洋碳汇价值评价指标需要优化

评价指标是价值核算的基础，指标的选择需要综合考虑科学性、代表性、可获得性等因素，特别是依赖于对评价对象完整、准确的认知，以及各指标测度技术所决定的指标的可实现性及实施成本。当前海洋碳汇价值评价指标存在对海洋碳汇过程、机理、表现、效果等内容的认知不足，部分海洋碳汇价值评价指标获取难度较大、广义层面的海洋碳汇价值相应的测度指标难度大等问题。

6.2.3　管理和制度问题

6.2.3.1　海洋碳汇业务化监测分属多个部门，数据壁垒和分割严重

我国海洋碳汇业务化监测力量分散在不同部门、地区、机构等，各部门之间缺乏协作体制机制。需要加强国家各部门间的统筹协调，在国家层面明确协作机制，凝聚各方力量，推进海洋碳汇监测和数据库建设，建立常态化、协调统一的数据监测、报送和应用机制。尽快建设完善国家海洋碳汇监测调查评估网，搭建国家海洋碳汇监测评估数据中心，建立协调统一的常态化数据报送和应用机制。

6.2.3.2　海洋碳汇计划编制工作连接松散

在科技体制方面，海洋碳汇科技计划、行动计划和关键基础设施与装备建设计划连接松散甚至脱节严重，缺乏"三位一体"的海洋碳汇计划编制工作机制。

亟须围绕海洋碳汇科技计划、行动计划和关键基础设施与装备建设计划"三位一体"紧密连接的要求,抓紧建立完善海洋碳汇计划编制工作机制。

6.2.3.3 海洋碳汇市场和交易机制不完善

我国碳汇市场交易尚处于起步阶段,尚未因地制宜地建立碳汇交易制度与相关管理政策。与主要碳市场相比,我国碳市场碳排放覆盖率位居世界第一,但建立时间相对较晚,各项市场体系配套政策处于发展阶段;特别是碳价定价还较低(中国试点和全国碳市场的碳价低于10美元,是目前碳市场体系中价格最低的一组),对我国的经济贡献有待进一步提高。

6.2.4 产业链问题

6.2.4.1 海洋碳汇评价尚未形成产业体系

从事碳中和相关的企业仍然较少,不利于成果转化和产学研配套,缺乏能够从事生命周期分析、碳足迹分析的企业和第三方评价机构。碳足迹数据与经济社会管理之间的反馈影响弱:碳达峰与碳中和目标涉及复杂的国民经济调度管理与行业规范约束,但目前不同行业的关切点各异,被动监测碳足迹数据难以从源头实现节能减排与经济发展的协调。

6.2.4.2 海洋碳汇产业体系尚未形成

我国目前未能全面构建完善的海洋碳汇经济产业链。具体而言,发展海洋碳汇基础能力建设、碳汇项目咨询服务(包括碳汇核算、盘查监测、规划、培训等)、碳汇交易(产权交易、期货交易、环境交易、碳抵消等)、碳汇金融服务业(碳基金、绿色金融、碳资产管理)等业态,积极形成与打造海洋碳汇产业全链条,才能积极发挥全产业链的协同响应,促进我国海洋碳汇交易政策的落地。

6.2.4.3 海洋碳汇技术创新链、市场链和应用链脱节

海洋碳汇创新链、产业链和应用链协同发展的全局视野,结果往往造成研发成果"孤岛",创新链、产业链和应用链连接松散甚至脱节严重,至今难以形成良性互动的发展生态。亟须围绕《促进科技成果转化法》等科技成果管理制度与事业单位国有资产管理制度系列规定紧密连接的要求,重点解决不协调、不衔接、不匹配等突出问题,加大深化改革的力度,加快完善我国海洋碳汇科技创新环境。

6.3　潜力、增汇对策措施

以我国关于"碳达峰、碳中和"及海洋碳汇发展的战略规划和政策为契机，结合全球海洋蓝碳监测评估的科技研发热点，建立以发展我国近海环境质量持续改善和全球海洋生态系统服务功能健康有效维护为核心，构建适合海洋碳汇渔业产业发展的政策体系和发展规划。坚持创新链、产业链和应用链协同发展，坚持海、陆、气碳汇过程作用机制系统研究，实现制度建设、基础理论研究与增汇技术研发、监测调查评估与标准化体系建设、海洋碳汇交易核算理论与实践等方面整体稳步推进和创新引领的转变。

6.3.1　建立健全政策体系，优化产业结构

在海洋治理体系现代化建设中，应当注重机制的适应性和灵活性。当前，依托行政化、技术化和规范化实现海洋治理体系的优化和完善，转向一种多部门、多层次的深度协同联动，以适应环境变化。进一步明确海洋生态系统保护、修复和管理的政策以及控制海洋碳汇的储量，对于海洋碳汇生境基础的恢复和发展具有重要意义。同时，确保政策执行的稳定性和可持续性，以更好地促进海洋碳汇适应性治理的实施。对海洋生态系统进行社会、经济和生物评估，进一步规范各项海洋开发利用活动，保护海洋环境和生物多样性，从而更好地发挥海洋储碳固碳效能。通过加强海洋碳汇生态系统的保护和恢复，发展生态养殖、海洋碳汇技术服务和碳交易等新业态，将区域生态优势转化为经济优势。完善海岸带综合管理和海洋空间规划，合理确定海洋碳汇渔业养殖品种的密度和布局，构建以碳汇为特征的现代水产养殖产业，确保碳汇养殖渔业可持续发展。

6.3.2　健全海洋碳汇监测计量体系，提升蓝碳综合评估能力

提升海洋碳汇发展规划体系的技术理性，对海洋碳汇风险防范进行更科学、全尺度的综合考量。通过"加强研发海洋碳汇监测评估基础能力建设"和"建立碳汇监测评估示范项目（或区域）"双轮驱动，全面提升我国海洋碳汇监测计量科技创新竞争力。

6.3.2.1　加快构建蓝碳调查监测综合指标体系

围绕海草床、海藻场、盐沼湿地、生态牧场、河口海湾等典型生境开展现场调查，掌握不同生境碳收支状况和海洋过程的碳汇潜力。明确所需观测的指标和相关气象、水文和生态环境参数，基于自身特点分别建立海洋蓝碳观测规范指标体系，了解中国近海生态系统固碳关键过程与调控机制以及海洋微型生物驱动与

耦合的综合负排放机理。对于滨海盐沼湿地和海草床生境，基于由海到陆形成的地貌、水文、植被类型和分布格局，需监测大气 CO_2 和 CH_4 浓度，植被覆盖度、光合速率及单位面积固碳量，土壤有机碳含量及理化因子，土壤 – 大气界面碳通量等指标，结合定量遥感解译与实地监测数据资源，实现对海岸带生态系统的大气碳库与植被碳库、海岸带不同蓝碳生境土壤碳埋藏和沉积速率、有机碳垂向累积和横向传输长期监测。对于海洋牧场，重点监测牧场不同养殖生物的生物量、含碳量及代谢速率，排泄物进入沉积物的碳通量以及海水无机碳和有机碳含量。对于河口海湾生境，则重点监测浮游植物生物群落组成与结构、固碳速率和固碳量，海水理化因子与海气界面碳通量，水体中溶解有机碳含量，颗粒有机碳含量及沉降通量以及沉积物总有机碳含量及埋藏通量。

6.3.2.2　加快建成蓝碳动态立体监测网络

基于建立的不同生境海洋蓝碳观测规范指标体系，建设完善卫星遥感监测系统、无人机遥感监测系统、现场采样监测和原位在线观测设备组成的"空 – 天 – 地 – 海一体观测网"。一是完善北斗导航、卫星遥感、微气象梯度监测设备、水文传感器、水下无人高精度成像设备、定点浮标和陆地 CO_2、CH_4 碳通量在线监测设备等相关监测设备，构建蓝碳关键要素的原位监测技术、遥感影像提取与快速识别技术；二是研发长期原位观测平台测量 CO_2 分压，并获得海洋浮游植物丰度及其种群构成等数据产品；三是根据地形地貌、植被覆盖和水文环境条件，建立典型滨海湿地 – 河口 – 近海碳汇联网观测技术体系，集成示范海洋与淡水湿地生态系统固碳增汇关键技术和模式，开展应用示范。进一步完善海洋蓝碳系统监测网络布设体系建设，形成对海洋碳汇发展关键要素的全面观测、监测能力；深入开展风暴潮、海浪、赤潮等灾害的观测预警、综合调查与评估，为海洋碳汇自然风险的有效防范做好支撑。

6.3.2.3　加快构建海洋碳源 – 汇业务化监测评估管理平台

明确我国近海及海岸带生态系统的碳源 – 汇格局，形成中国海岸带及邻近海域高时空分辨率的碳收支清单。基于大数据、云计算等新兴技术，构建高精度跨部门跨领域的蓝碳监测评估综合管理平台，建立完善实时监测—大数据同化—碳汇过程作用机制—数值（数据）模型深度融合技术，实现对海洋生态系统碳源 – 汇监测数据的实时获取、时空动态变化特征的整合分析、标准核算与评估，建立全国海洋碳汇基础数据库，评估并制作海洋碳汇的热点区、发展潜力区和脆弱区分布图。服务政府碳监测职能部门的权威数据发布、业务化管理和决策支持，定期发布全国海洋碳汇评估报告，提升海洋碳监测管理水平与智能决策能力。

6.3.2.4 建立蓝碳综合实验基地和技术示范区

聚焦"双碳"目标，协同开展海洋领域增汇与减排，保护各类重要生态空间，稳固提升海洋生态系统碳汇能力。统筹推进海洋生态保护与修复，科学实施一系列海洋生态保护修复重大示范工程，推进陆海深度融合、协同有序发展。通过监测并了解海洋养殖品种分布范围及生产面积，严格管控岸线与海域滩涂利用，实施生态保护修复以增加碳汇。恢复海洋动植物生境，密切关注生物种群的数量及其活动规律，加强海洋生态恢复技术的研究和实践，提高海洋防御生态灾害的能力，为发展海洋碳汇提供必要的条件和环境。深入开展生态岛礁保护和海藻场、人工鱼礁等蓝色海湾海洋修复工程。建设一批海洋碳汇综合实验基地和技术示范区，系统开展海洋碳汇形成机制的实验研究，加快形成海洋碳汇关键技术体系，培育海洋经济新的增长点。

6.3.2.5 加快推进碳汇渔业计量评估并开展应用示范

碳汇渔业是一项涉及诸多内容的系统工程，需要从理论与实践的结合点上寻求突破。建议聚焦两个方面：一是明确海水养殖生物的碳汇功能；二是优化构建碳汇渔业的生产模式并开展应用示范。加强海洋碳汇估算研究和固碳潜力评估，建立切实可行的渔业碳汇计量和监测体系，科学评价渔业碳汇及其开发潜力，探索生物减排增汇战略及策略，发展渔业固碳、养殖系统增汇和海洋牧场渔业低碳等技术，探索有效的海洋增汇技术措施。

6.3.2.6 深化国际合作，谋划实施海洋碳中和领域的国际大科学计划

加强与联合国海洋学委员会（IOC）、北太平洋海洋科学组织（PICES）、国际海洋开发理事会（ICES）等国际组织合作，提高我国科学家在海洋碳汇研究方面的国际参与度和话语权，推动中国特色碳汇资源和碳中和研究纳入联合国气候变化框架公约和联合国海洋十年的有关工作。谋划推进实施由我国科学家牵头发起的海洋碳中和、海洋负排放国际大科学计划，共同建设基于中国特色资源的海洋碳汇示范区，推出国际认可的中国海洋碳汇监测、计量和核算体系，为全球治理提供中国方案。

6.3.3 推进非碳新能源的替代技术研发，推动产业融合发展

加快设计和制定海洋新能源整体资源开发规划，统筹开发海洋新能源资源，制定中长期发展路线图，输出阶段性目标任务，研究并出台科学完善的科技攻关、产业发展等配套措施和扶持政策。开展以海上风电等产业为标本的海洋新能源产业发展范式研究，推动海洋碳汇与新能源的高效融合发展。重点关注海上风电和太阳能领域、海水制氢领域、海洋能领域。

6.3.4 碳汇评价体系与交易政策

6.3.4.1 建立健全蓝色碳汇评价体系,打造蓝色碳汇交易平台

蓝色碳汇是海岸带生态系统的一项十分基础且重要的服务功能,应考虑将其优先纳入生态碳汇评价和国际碳汇交易体系。努力推动海洋碳汇项目向高质量、高交易价值的方向转变。形成规范的海洋碳汇标准化体系,实现标准化生产与经营。深入推进国际碳汇市场交易,推动建设蓝色碳汇交易示范基地,将蓝色碳汇作为国际碳排放权交易的重要产品。加强国际合作,深入研究全球海洋碳汇交易,打造"一带一路"沿线国家气候变化合作平台和碳交易服务平台,为我国争取国际蓝色碳汇市场主导权与国际气候治理话语权提供科技支撑。

6.3.4.2 建立健全蓝色碳汇交易市场体系与制度,探索碳汇交易模式

根据国内外海洋养殖碳汇技术发展的现状和趋势,结合沿海各区市碳汇渔业发展的优势和潜力,建立高校、院所和企业海洋碳汇渔业发展协同创新格局,形成"研发—应用—产业"联动机制。通过金融支撑支持海洋碳汇渔业发展,提供海洋碳汇渔业产业发展专项信贷,大力发展海洋绿色信贷、债券、保险、基金等产品。积极探索可行的海洋碳汇产品、交易机制与方法、减排机制与成果转化,致力于建立全球领先的海洋碳汇交易标准,开展碳汇市场试点建设,完善我国碳交易体系。重点进行碳汇制度框架研究、碳交易机制与减排效应研究、碳定价形成机制与环境、经济后果研究,构建碳排放权会计准则、信息披露机制与碳交易平台。

6.3.4.3 提高科普宣传力度,提升全民蓝色碳汇发展意识

制定专项宣传方案,创新宣传模式、丰富宣传载体、拓宽宣传渠道,大力普及海洋应对气候变化和海洋碳汇渔业理念,宣传海洋碳汇渔业典型案例和经验成效,激发社会各界参与海洋碳汇渔业的主动性和自觉性,推动形成全社会关心、支持、参与海洋碳汇渔业发展的良好氛围。尽快出台我国蓝色碳汇资源计量、评估和交易相关法律法规、政策和方法体系,加强蓝色碳汇科普教育宣传,提升全民蓝色碳汇发展意识与理念,为推动构建海洋命运共同体、应对全球气候变化作出应有贡献。此外,渔业从业者是海洋碳汇渔业的直接实践群体,可增加海洋碳汇渔业培训项目,对主要海洋碳汇渔业养殖区人员开展系统培训,更新养殖观念,提高技术水平,使得新型生态养殖模式及科研成果能够尽快转化为生产力。

第二篇　工业固碳

第7章 CCUS 技术体系

碳捕集利用与封存（CCUS）从技术体系上涵盖碳捕集、碳运输、碳封存与碳利用 4 个方面，对控制全球温室气体总排放量至关重要，既能降低化石燃料燃烧产生的排放，又能降低工业过程中的碳排放，还能带来经济和社会等可持续发展效益。根据相关研究，即便是预期在 2075 年前后实现碳中和并将全球气候升温幅值控制在 2℃以内，也需要在不晚于 2040 年大规模部署 CCUS。

2020 年 9 月，我国正式提出了碳达峰、碳中和目标。CCUS 作为重要的大规模减排技术得到了我国政策层面的大力支持。我国行业界对 CCUS 开展了更多的探索，对 CCUS 的重要性也有了清晰的认识。根据《中国二氧化碳捕集利用与封存（CCUS）年度报告（2021）》，CCUS 主要有以下几方面的突出作用：CCUS 能够支持我国未来零碳能源系统的构建，特别是在清洁发电、零碳制氢、制备"碳中和"燃料（如甲醇等）等方面有着突出的优势；CCUS 能够支撑中国构建韧性和弹性的能源系统，弥补非化石能源供应的不稳定性和局限性，在允许使用化石能源的同时消除 CO_2 等温室气体对气候的不利影响；CCUS 能够推动我国过程工业的深度脱碳、绿色转型与高质量发展，将 CCUS 纳入过程工业钢铁、水泥、化工等的相关生产环节，有助于过程工业创新绿色生产工艺，推出绿色低碳产品，提升产品市场竞争力；CCUS 能够将 CO_2 转化多种产品，在保护环境的同时实现经济与社会价值的增长；CCUS 还能够提供重要的负排放潜力，有助于全球气候目标的实现，涉及直接空气碳捕集与封存（Direct Air Carbon Capture and Storage，DACCS）和生物质能碳捕集与封存（Bioenergy with Carbon Capture and Storage，BECCS）两种技术，用于抵消因人类活动排放 CO_2 对全球气候变暖的不利影响。

7.1 CO_2 捕集技术

广义的 CO_2 捕集技术包括烟气碳捕集技术和直接空气碳捕集技术。烟气碳捕集是指对化石能源或生物质等燃料燃烧产生的烟气中 CO_2 进行捕获的过程，所采用的技术称为烟气碳捕集技术。直接空气碳捕集（Direct Air Carbon Capture，DACC）是指直接从大气中分离和富集 CO_2 的过程，所采用的技术称为直接空气碳捕集技术。由于两者所捕集的 CO_2 来源特征显著不同，在技术应用时需依据 CO_2 来源的特点、参数特征、CO_2 产品品质要求和能源供应等实际情况进行捕集方式和设备的选择，并将捕集的 CO_2 合理转化利用或直接封存。

根据碳捕集原理与技术工艺的不同，CO_2 捕集技术可分为溶液吸收法、固体吸附法、膜分离法、微藻生物固碳法、深冷分离法等。下面对目前相对主流的 CO_2 捕集技术进行重点介绍。

7.1.1 溶液吸收法捕集技术

溶液吸收法捕集技术是利用吸收液对混合气体中的 CO_2 进行选择性吸收而脱除 CO_2 的技术，属于湿法碳捕集技术。按吸收原理可分为物理吸收法、化学吸收法以及物理 – 化学混合溶液吸收法。

物理吸收法是利用 CO_2 气体在液态吸收液中的溶解度随着压力变化而改变的特性进行分离，吸收常在低温、高压下进行，一般不发生化学反应。吸收液的再生可采用降压或常温气提的方式，因而再生能耗低。物理吸收法可细分为冷法和热法两种技术工艺。冷法工艺有德国的 Linde 公司和 Lurgi 公司的低温甲醇洗法，均使用冷甲醇作为吸收液。热法工艺以聚乙二醇二甲醚溶液吸收法为典型，国外以 Selexol 工艺为典型，国内以 NHD 工艺为代表，两者只是采用的吸收液不同。此外，加压水洗法、N– 甲基吡咯烷酮法、碳酸丙烯酯法等亦遵循物理吸收原理。

化学吸收法是通过 CO_2 与吸收液在吸收塔中发生可逆反应形成一种弱联结的中间体不稳定化合物，通过在解吸塔中加热该不稳定化合物，可使反应逆向解吸得到 CO_2 气体。化学吸收法吸收容量大、选择性高，适用于中等或者较低浓度的分离，在常压操作条件下捕集效果优于物理吸收法。近几年新发展的化学吸收技术还有混合胺法（MEA、DEA、MDEA 等）、热钾碱液法（如空间位阻法）、冷氨法等。物理 – 化学混合溶液吸收法采用的吸收液则兼有上述物理吸收和化学吸收的双重效果。

吸收液是影响溶液吸收法碳捕集技术应用的关键。因溶液特征不同，吸收液可分为有机胺吸收液、两相吸收液、离子液体吸收液和无（少）水吸收液等：①有机胺吸收液主要是指传统有机胺吸收液和混合胺吸收液，具有吸收率高、吸收容量大、低黏度、稳定性高的特点。②两相吸收液的贫相为低 CO_2 浓度相，富相为高

CO_2 浓度相，只有富相需要进入再生过程，降低了溶液再生显热和潜热，因此具有再生液体积小、再生能耗小的优点。据文献报道的使用两相溶液的 DMX 工艺，再生能耗可降低到 2.1 吉焦尔 / 吨。③离子液体吸收液是一种有机盐，由有机阳离子和阴离子组成，具有结构可调性、高热稳定性、挥发性小、低腐蚀和较高吸附容量，比有机胺溶液具有更低的再生能耗。有研究发现与含咪唑啉离子液体和有机胺的低黏度二元吸收液相比传统的 MEA 吸收液（质量分数 30%）可节约 15% 的能耗。④无（少）水吸收液，通常认为无（少）水吸收液含水率在 0 ~ 20%，是为了克服有机胺溶液含水较高，导致热容高和气化热高，不利于降低再生能耗及容易造成设备腐蚀等问题而提出的改进。

7.1.2　固体吸附法捕集技术

固体吸附法捕集技术是利用多孔固体吸附剂对混合气中 CO_2 的选择性可逆吸附作用来分离 CO_2 的技术，属于干法碳捕集技术。在吸附过程中，强吸附性的 CO_2 气体被吸附剂吸附的量较多，剩余气体中弱吸附性气体浓度相对较高，于是得到高浓度的弱吸附性气体。在脱附过程中，强吸附性气体得到释放，于是可获得较高浓度的强吸附性气体。通过吸附与脱附过程的循环实现 CO_2 的分离与捕集。固体吸附剂在低温、常压或高压时吸附 CO_2，升温或降压后解析 CO_2，同时固态吸附剂得以再生，分别称为变温吸附或变压吸附。

根据吸附剂与 CO_2 分子的相互作用机制不同，吸附法可分为物理吸附和化学吸附。物理吸附的吸附热小（25 ~ 50 千焦 / 摩尔）、吸附速率快，但是选择性低，受吸附反应条件（温度、压力等）的影响，如碳基、分子筛等多以物理吸附为主，应用中可设计成变压吸附工艺。化学吸附是通过吸附剂表面的化学基团与 CO_2 气体形成化学键，从而吸附在固体表面。化学吸附的吸附热较大（60 ~ 90 千焦 / 摩尔）、吸附速率慢，但选择性较高，如碱金属、固体胺等材料多以化学吸附为主，应用中常设计成变温吸附工艺。根据吸附反应发生的温度区间（图 7.1），种类繁多的固体吸附剂大致可分为高温吸附剂、中温吸附剂和低温吸附剂三类。

图 7.1　适用于不同反应温度的固体吸附剂

固体吸附捕集技术可以用于烟气中和空气中的 CO_2 捕集，相对于溶液吸收法，其再生能耗更低、操作更简单，可高选择性地分离 CO_2，在工业场景中用于捕集空气中 CO_2 的优势尤为明显，具有良好应用前景。

7.1.3　膜分离法捕集技术

膜分离法捕集技术是利用聚合材料制成的薄膜对不同气体组分的渗透速率不同分离 CO_2 气体组分的技术。CO_2 气体在膜中渗透遵循溶解－扩散机理，膜分离的驱动力是膜两侧的压差，当膜两侧的压差达到一定程度时，渗透率高的气体组分快速透过薄膜到达膜的另一侧形成渗透气流；而渗透率低的气体组分则大部分滞留在膜进气侧，形成残留气流，实现气体的分离。膜分离过程通常需要多段过程和多级过程的耦合。

CO_2 分离膜作为气体分离膜的一种，渗透速率和分离因子是其两个重要参数，分别反映膜的透气性和分离能力。膜的渗透速率由热力学因素（如气体分子冷凝难易程度及与聚合物相互作用）和动力学因素（如气体分子尺寸和聚合物理化性质）共同影响，对膜分离过程所需的膜面积起决定作用。膜的分离因子则影响产品气纯度和回收率。

膜分离技术的核心是研究对不同气体组分具有选择透过性的膜材料。为提高分离膜渗透选择性，研究人员将具有 CO_2 选择性的多孔纳米填料与聚合物共混，制备了兼具成膜性和优异 CO_2 分离性能的混合基质膜（Mixed Matrix Membranes，MMMs），这类材料能克服渗透性与选择性之间的相互制约。

7.1.4　微藻生物固碳法捕集技术

微藻生物固碳技术是利用微藻的光合作用将 CO_2 同化为糖类等有机物，并在藻细胞内进一步转化为高值化合物（如蛋白质、多糖、色素、不饱和脂肪酸等）的生物碳捕集技术。微藻生长速度快、固碳效率高，每生产 1 吨微藻生物质可固定 1.83 吨 CO_2，产生的生物质可为能源、饲料、化妆品和保健品等行业提供原材料，在真正意义上实现了 CO_2 向生物质能源的转化。

7.1.5　深冷分离法捕集技术

深冷分离法捕集技术是利用不同气体组分沸点不同的性质对混合气体进行多级压缩和冷却，使 CO_2 气体发生液化而分离出来的技术。此法不使用化学或物理吸收液，不存在吸收液腐蚀问题，耗水较少，一般用于油田开采现场以提高采油率。

7.2　CO_2 运输技术

CO_2 运输技术主要有三种方式：船舶运输、管道运输、公路运输。船舶运输 CO_2 技术适用于距离较远、体积相对较小的 CO_2 运输；管道运输是最普遍的 CO_2 运输方式，分为陆上和海底两种，适用于较大体积的 CO_2 运输且运输距离在 1000 千米以下；少量的 CO_2 运输则通过公路和铁路来运输。

船舶运输 CO_2 主要涉及四个重要环节：一是陆上灌注环节，液态 CO_2 从临时储罐注入船上的低温和高压液货舱环节；二是海上运输环节，运输船基于航线将 CO_2 运输到特定位置；三是船舶卸载 CO_2 环节，卸载运输船中的液态 CO_2，并在液货舱内充入干燥的 CO_2，避免潮湿空气进入罐体；四是船舶压载后入港和干船坞环节，CO_2 运输船会返港或者在干船坞内进行检查和维护。维护期间，液货舱内 CO_2 会被空气替换出来，便于人员进入作业。

CO_2 管道与运输液化石油天然气的管道类似，CO_2 管道的设计既需要考虑技术、环保要求，也需要考虑社会影响。从铺设规划上需要考虑人文地理、产业融合、商业收益等因素。

7.3　CO_2 封存技术

CO_2 封存主要分为两种：一种是通过注入系统注入距离地表 800 ～ 1000 米深度的地层中（深咸水层、耗竭或部分耗竭的油田 / 油气田、不可开采的煤层）；另一种是注入海底。两种封存都能够在一定时间跨度上隔绝 CO_2 进入大气。

注入与封存过程中需要确保较好的工程质量，尽可能减少 CO_2 的逸散，确保 CO_2 封存量的长期性。注入与封存过程中会采用多种监测方案确保地质封存的效果。例如，面向天空和大气的监测，包括红外气体分析、激光气体分析、微气象等技术；面向土壤地表的监测，包括卫星遥感、土壤成分分析、生态系统监测等技术；面向地下空间的监测，包括三维地震、微地震、大地电磁测量、多参数测井、示踪监测等技术。

7.4　CO_2 利用技术

CO_2 利用是指通过工程技术手段将捕集的 CO_2 实现资源化利用的过程。CO_2 的利用方式种类较多、技术路径复杂，能够被广泛应用于建筑与新材料制备、能源合成与生产、冶金矿化利用、特定工业流程、塑料与化学品生产、农业生产、食品与药品生产等（表7.1）。

表 7.1　CO_2 相关利用方式与产品类型（包括但不限于）

利用方式	产品分类和应用类型
制备建筑材料	水泥、混凝土；沥青；骨料；超硬木
地质利用	强化深部咸水开采；强化油气开采（天然气、页岩气、煤层气等油气生产）；增强地热系统；地浸铀矿开采
制备合成燃料与化学品	甲醇、丁醇、天然气、合成气；甲酸、丙烯酸、乙酸、水杨酸、纯碱、尿素
制备生物燃料	微藻燃料；大型藻类燃料
冶金和固废	钢渣矿化利用
用于微电子工程	光刻保护剂剥离、纳微结构的干燥；薄膜涂覆、纳微尺寸显影、低/超介电膜制造；硅片表面硅烷化和干法刻蚀等
作为新动力的工质	超临界 CO_2 的动力循环系统
制备塑料	聚碳酸酯；可降解聚合物；聚合物多元醇；聚氰酸酯/聚氨酯
制备新兴材料	碳纤维；碳纳米管和富勒烯；石墨烯
农业利用	生物肥料或饲料（包括气肥利用）；生物农药等
制备食品药品	藻类食物、食品添加剂；药物添加剂

7.4.1　制备建筑材料

CO_2 能够用于生产建筑材料（如水泥和混凝土、建筑骨料等），在制备过程中几乎不需要额外能量供给，并且在一定程度上起到固碳作用。将 CO_2 用于建筑材料的制备主要有两种方式：一种是在混凝土养护过程中直接加入 CO_2，能够在确保混凝土强度的前提下减少水泥使用量起到间接减排作用，同时使 CO_2 永久矿化起到直接减排作用；另一种是在小的固体材料表面形成碳化层，需要带负电的碳酸盐离子与带正电的金属阳离子平衡，这些阳离子通常是二价阳离子（如钙或镁）或一价阳离子（如钠和钾）。

7.4.2　地质利用

在地质利用方面，CO_2 能够起到促进矿产资源开发的作用，例如强化油气开采（CO_2-EOR）、强化深部咸水开采（CO_2-EWR）、增强地热系统（CO_2-EGS）、地浸铀矿开采等。由于注入的 CO_2 很少从地下逃逸，地质利用过程还会起到封存

CO_2 的效果。

CO_2-EOR 是 CCUS 重要的应用领域，其原理是利用高压将超临界 / 密相 CO_2 注入储油、气层（包括页岩气层、煤层气层），使 CO_2 驱动油气流向生产井，从而提高油气的采收率。

CO_2-EWR 开采是大规模实现 CO_2 减排和水资源开采的方法，为煤化工行业的能源、碳、水、环境关联系统的问题提供了一种解决途径，可促进煤化工行业的低碳与可持续发展。

CO_2-EGS 是中高温地热开发的关键技术，其工作原理是注入工作流体与地下 $3.6 \sim 9$ 千米深的高温岩石接触，从产出井中流出，将热能带回地上。

CO_2 地浸铀矿开采技术是指有矿床天然埋藏条件下，通过注液钻孔注入配制好的 CO_2 和 O_2 的溶浸液，在含矿含水层中产生足够强度的浸出剂，与铀矿物进行化学反应形成含铀浸出液，浸出液经过矿层从抽液钻孔提升至地表，输送至浸出液处理车间进行离子交换等工艺处理产铀，这一技术不会使铀矿石产生位移，是集采、选、冶于一体的开采方法。

7.4.3　制备合成燃料与化学品

利用 CO_2 能够生产一系列无机和有机化学品，包括甲酸、纯碱、尿素、丙烯酸、乙酸、碳酸二苯酯、水杨酸、二甲醚等，产品用途十分广泛。利用 CO_2 合成燃料、化学品有两种路径，即直接利用路径和间接利用路径。

直接利用路径是将 CO_2 直接用于能源合成，主要产品为甲烷、甲醇和二甲醚。由于 CO_2 的化学性质稳定和能态较低，直接利用路径为激发和活化 CO_2 需要消耗很高的能量；间接利用路径是通过水煤气变换反应，或采用聚合物电解质膜、固体氧化物燃料电池等手段，将 CO_2 先转化为化学性质更活泼的 CO，然后再用于能源合成，主要产品为汽油、柴油、煤油、航空燃油等。

7.4.4　制备生物燃料

藻类等生物通过光合作用吸收 CO_2，经加工能够制成生物燃料和其他材料。在非光照条件下，一些细菌也能够直接将生物质转化为其他产品，如乙醇或醋酸盐。依托藻类、微生物吸收 CO_2 并用于制备生物燃料，所需要的反应环境相对适中；相比工业过程，制备生物燃料节省了大量步骤且无须额外制备中间产品。

7.4.5　冶金与固废

钢渣矿化利用通过将炼钢过程中排出的废钢渣（主要成分为 CaO、SiO_2、

MgO、Al_2O_3 和 Fe_2O_3）中的活性物质与 CO_2 反应形成碳酸盐等，既能够用来实现固碳固废，又能够被用作水泥砂浆、混凝土中的胶凝材料，实现了废钢渣的资源化利用。钢渣的资源化利用是钢铁行业实现循环经济的重要途径。

7.4.6 用于微电子工程

超临界 CO_2 能够应用于微电子工程的若干环节，例如光刻保护剂剥离、金属薄膜趁机、纳微结构的干燥、薄膜涂覆、纳微尺寸显影、低/超介电膜制造、硅片表面硅烷化和干法刻蚀等。通过使用无毒、不可燃的超临界 CO_2，能够减少部分化学品、有机溶剂的使用，提升微电子工程的安全性与环境友好性。

7.4.7 作为新动力的工质

相比于传统发电厂以循环水/蒸汽为工质流体，超临界 CO_2 动力循环系统由于采用超临界 CO_2 作为流动工质，在特定温度和压力下不分液相和气相、安全性好，具有结构紧凑、成本低、效率高、更清洁等优点，或将成为今后叶轮机械领域研究的新热点。

7.4.8 制备塑料

通过 CO_2 能够生产一系列塑料产品，包括聚碳酸酯、可降解聚合物、聚合物多元醇、聚氰酸酯、聚氨酯、聚羟基烷酸酯等。当前，通过 CO_2 生产塑料多数处在初级的商业化阶段，与传统技术相比技术成本相对较高。

7.4.9 制备新兴材料

通过电化学方法将 CO_2 转化为一系列新兴固体材料（如碳纤维、碳纳米管、富勒烯、石墨烯等）在技术上正处于研发阶段，具有广阔的应用前景。利用 CO_2 制备碳纤维等材料能够替代化石能源使用，并且针对生产流程的优化还能够降低过程中的碳排放。

7.4.10 农业利用

通过 CO_2 可用于合成硝酸铵钙作为化肥农药，以及合成三聚氰胺和脲基胶作为制作农具和其他产品的重要原料。通过施放 CO_2 气肥的形式，可用于解决温室大棚内农作物因 CO_2 不足导致的光合作用速率不足、影响植株生长状态的问题。利用 CO_2 制备的生物肥料和生物农药，含有益于植物生长的微生物、真菌等，能够提供植物生长所必需的营养素，以及起到天然的杀虫作用。

7.4.11　制备食品药品

CO_2 在食物和药品行业有着广泛的用途，常见应用包括果蔬的气调保鲜；碳酸饮料的生产；干冰速冻、冷藏和冰激凌制作；超临界 CO_2 提取香精、色素和香料；超临界 CO_2 脱咖啡因；干燥和封装食品；生产小苏打等。CO_2 还能够用来生产藻类食物，如利用 CO_2 生产蛋白质。

第8章 CCUS 发展现状

目前，全球范围内相关国家高度重视 CCUS 发展水平的提升，出台了一系列政策有力地促进了行业界在技术基础研究、技术装备研发、产业示范应用等方面的投入，不断推动 CCUS 成本降低与加快实现商业效益。根据全球碳捕集与封存研究院（GCCSI）的统计结果，截至 2022 年 9 月数据，共有 196 个长流程 CCUS 项目处在研发、建设、运营阶段，我国亦有多个项目取得了突破。

8.1 国内外 CCUS 技术发展现状

8.1.1 CCUS 基础研究

国外很早就重视 CCUS 相关技术基础研究。欧盟第一次关于 CCUS 的讨论可追溯到 2006 年。2007 年，CCUS 作为控制气候变化的重要工具被列入欧洲议程。2009 年，首个 CCUS 欧盟指令发布，随后通过框架计划和其他欧盟资金建立了几个研发、示范项目的资助机制。欧盟在地平线 2020 计划中拟提供 5000 万欧元赞助用于 CCUS 的研发，通过研究 CCUS 的社会影响、模型构建、教育培训等支持欧洲能源系统的低碳转型。

美国能源部（DOE）长期资助 CCUS 新技术研发和应用示范，采用了一种全面、多管齐下的方法，基于构建的清洁煤研究计划，为现有的化石发电厂和工业研发先进的 CO_2 捕集技术，并由国家能源技术实验室（NETL）作为开发下一代碳捕集技术的实施机构，支持 CCUS 相关研发和示范活动。

英国能源与气候变化部成立了碳捕集与封存办公室负责大规模推广 CCUS 战略计划、制定政策和计划，以促进私有企业对 CCUS 进行投资。

我国高度重视 CCUS 的基础研究和技术开发。自"十一五"以来，科技部先后通过国家重点基础研究发展计划（"973"计划）、国家高技术研究发展计划（"863"计划）、国家重大科技专项、国家重点研发计划、科技部国际合作项目及国家自然科学基金委员会等对 CCUS 相关研究提供资金支持，资助范围覆盖 CCUS 全流程各个环节的基础研究、技术开发、示范应用等，为 CCUS 的快速发展奠定了基础。

进入"十四五"新发展阶段，我国碳中和目标对科技创新提出了更高要求。国家自然科学基金委员会启动面向国家碳中和的重大基础科学问题与对策研究，国家重点研发计划也进行了相关部署，对 CCUS 的理论、技术、数据库、风险评估等方面开展专项资助。

8.1.2 CCUS 技术发展水平评估

8.1.2.1 国际 CCUS 技术发展水平

从国际先进水平来看，目前 CO_2 捕集潜力最大的燃烧后化学吸收法、CO_2 输送潜力最大的管道运输技术、应用较广经济效益较好的强化采油技术等已达到商业应用；CO_2 强化深部咸水层开采技术已开展规模化工程应用；负排放技术，如生物质能碳捕集与封存（BECCS）、直接空气捕集（DAC）技术等正从工业示范向商业化过渡。

从各技术环节来看，捕集技术总体发展水平较高，其中燃烧前捕集、燃烧后化学吸收法、常压富氧燃烧法捕集技术已达到或接近达到商业应用阶段，燃烧后化学吸附法、燃烧后膜分离捕集技术达到工业示范阶段，化学链富氧燃烧捕集技术处于中试阶段，增压富氧燃烧法捕集技术尚处于基础研究阶段。

国际上已有大量 CO_2 管道输送工程实践，至少有 22 套商业模式的 CO_2 长输管道运行，美国累计建立了超过 8000 千米的 CO_2 运输管道。船舶运输技术部分已实现商业化，如挪威化学品船运公司 Yara International ASA 运营有 3 艘液态 CO_2 专用运输船队，单个货物仓运输能力可达到 1800 吨 CO_2，罐车的制造和输送技术在全球范围内都已广泛商业应用。

地质封存和利用各项技术发展差异较大，强化采油和浸采采矿技术发展较快，已开始商业化应用。目前美国通过强化采油安全封存的人为 CO_2 量约为 2400 万吨 / 年，在未来 5 ~ 7 年内有可能大幅增加；强化深部咸水开采与封存技术正在从小规模示范向大规模集成过渡，挪威正在运行的 Sleipner 和 Snøhvit 两个海底 CO_2 封存项目累计注入 CO_2 已超过 2000 万吨；其他技术均处在中试及以下阶段。

化工和生物利用技术发展迅速，CO_2 合成化学材料技术、CO_2 矿化利用技术整体上处于工业示范阶段。在 CO_2 合成高附加值化学品方面，CO_2 重整 CH_4 制备合成气和加氢合成甲醇等技术已进入规模化验证阶段；CO_2 加氢制烯烃、CO_2 光电催化转化等新兴技术基础研究的突破为 CCUS 与其他能源技术深度融合提供了集成性解决方案。其他 CO_2 利用技术，如混凝土养护利用技术、微藻生物利用技术和合成苹果酸技术，正在中试阶段，气肥利用技术尚在基础研究阶段。

CCUS 集成优化技术发展水平与各环节有关，发达国家大多进入了商业化应用阶段，在煤电、水泥、钢铁等行业具有可观的应用潜力。生物质制乙醇、生物质燃烧发电和生物质利用技术为开展 BECCS 项目提供了技术基础，欧美发达国家正加大 BECCS 技术研发和项目示范，不断推进基础设施建设。DAC 近年来同样迅速发展并引起各方关注。据估算，在 2℃温控目标下，考虑技术可行性、成本下降潜力、经济可承受性、风险可控等因素，2020—2100 年全球 BECCS 和 DAC 累计碳移除量将达到 1700 亿～9000 亿吨。

8.1.2.2 我国 CCUS 技术发展水平

我国 CCUS 技术链各环节都已具备一定的研发与示范基础，但存在各环节技术发展不平衡、缺乏大规模多种技术组合的全流程工业化示范等问题（图 8.1），

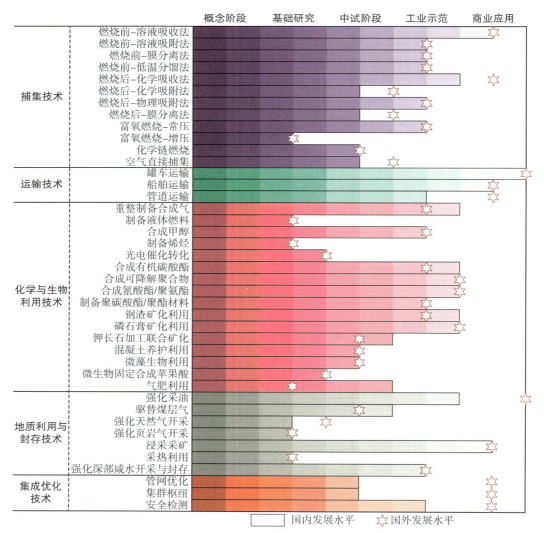

图片来源：中国 21 世纪议程管理中心。

图 8.1 我国 CCUS 各环节技术发展水平

距离规模化示范应用仍存在较大差距。

（1）CO_2 捕集技术

在 CO_2 捕集技术方面，整体发展水平较高，多数技术类型处于中试 / 工业示范阶段。燃烧前物理吸收技术发展比较成熟，已经处于商业应用阶段，与国际先进水平同步；燃烧后化学吸附技术尚处于中试阶段，相比国际先进水平发展有所滞后，特别是 CO_2 捕集潜力最大的燃烧后化学吸收法，国际上已经处于商业化应用阶段，而我国还处于工业示范阶段；富氧燃烧技术国内外发展均处于中试阶段，整体发展较为缓慢，尤其是增压富氧燃烧技术目前仍处于基础研究阶段。从捕集源的拓展外延考虑，我国在 BECCS 和 DAC 等负排放技术领域均开展了有益探索。

以燃烧后捕集技术、燃烧前捕集技术、富氧燃烧技术为代表的第一代碳捕集技术发展逐步成熟。燃烧后捕集技术是目前最成熟的捕集技术，可用于大部分火力发电厂的脱碳改造，华能陇东基地 150 万吨 / 年先进低能耗碳捕集工程勘察设计项目建成后，将成为世界规模最大的燃煤电厂燃烧后化学吸收法碳捕集与封存全流程示范工程，CO_2 捕集率不低于 90%；另中国华能与华能正宁电厂联合开展的 150 万吨 / 年 CO_2 捕集封存全流程项目也采用了燃烧后溶液吸收法。燃烧前捕集系统相对复杂，我国自主开发了整体煤气化联合循环（IGCC）发电与 CO_2 燃烧前捕集集成系统关键技术，国内的 IGCC 项目有华能天津 IGCC 项目以及连云港清洁能源动力系统研究设施；在煤化工领域，新疆广汇碳科技综合利用有限公司与中石油联合开展了 300 万吨 / 年 CO_2 捕集、管输及驱油一体化项目可行性研究，捕集方式采用"燃烧前 + 低温分馏"法。富氧燃烧技术是最具潜力的燃煤电厂大规模碳捕集技术之一，产生的 CO_2 浓度较高（90% ～ 95%），更易于捕获。富氧燃烧技术发展迅速，既能在新建燃煤电厂锅炉中使用，也可以对旧燃煤锅炉进行改造，相对于其他 CCUS 技术，在 CO_2 捕集过程中的能耗最小且改造难度和成本最低。未来，第二代碳捕集技术主要以新型膜分离技术、新型吸收技术、新型吸附技术、增压富氧燃烧技术等为主，目前处于基础研发阶段，2035 年前后有望实现大规模推广应用。

（2）CO_2 输送技术

在 CO_2 输送技术方面，公路罐车运输和船舶运输技术均已开展商业化应用，管道运输技术尚处起步阶段。当前，罐车运输和船舶运输技术发展水平与国际先进水平同步，主要应用于规模 10 万吨 / 年以下的 CO_2 输送。中国已有的 CCUS 示范项目规模较小，大多采用罐车输送。CO_2 船运属于液化气体船舶运输，我国已具备这类船舶的制造能力，拥有比较完备的技术体系。华东油气田和丽水气田的

部分 CO_2 通过船舶运输。

近年来，我国陆续开展了一些管道运输技术的实践研究，尚处于中试阶段。中石化对齐鲁石化至胜利油区 50 万吨 / 年 CO_2 管道工程、胜利电厂至胜利油区 100 万吨 / 年 CO_2 管道工程、华东油气田 CO_2 驱工业化应用输送管道工程三项 CO_2 管道输送工程作了研究设计，且已在多个 CCUS 示范项目中进行示范应用，陆上输送管道长度约 120 千米。海底管道运输的成本比陆上管道高 40% ～ 70%，目前海底管道输送 CO_2 的技术缺乏经验，在国内尚处于研究阶段。

（3）CO_2 生物、化工利用技术

CO_2 生物、化工利用技术方面，国内外技术发展水平基本同步，整体上处于工业示范阶段。发展水平最高的是利用 CO_2 合成化学材料技术，如合成有机碳酸酯、可降解聚合物和氰酸酯 / 聚氨酯以及制备聚碳酸酯 / 聚酯材料等技术，国内外都处于工业示范阶段。

在 CO_2 矿化利用方面，大部分技术达到工业示范水平。浙江大学等在河南强耐新材股份有限公司开展了 CO_2 深度矿化养护制建材万吨级工业试验项目；四川大学联合中石化等公司在低浓度尾气 CO_2 直接矿化磷石膏联产硫基复合肥技术研发方面取得良好进展；内蒙古包头钢渣综合利用项目已开展实验室二期设计建设。

在合成高附加值化学品方面，CO_2 重整制备合成气和合成甲醇技术发展较为领先，中国科学院上海高等研究院联合山西潞安集团在 CO_2 工业废气大规模重整转化制合成气关键技术与示范中取得积极进展；中国中煤能源集团有限公司联合液态阳光在内蒙古鄂尔多斯立项开展了 10 万吨 / 年 CO_2 加氢制甲醇工业化项目。

制备烯烃技术、光电催化转化技术仍处于基础研究阶段。其他 CO_2 利用技术发展仍处于初级研发阶段，如混凝土养护利用技术、微藻生物利用技术和合成苹果酸技术正在中试阶段，气肥利用技术尚在基础研究阶段。

（4）CO_2 地质利用与封存技术

在 CO_2 地质利用与封存技术方面，国内部分技术发展水平领先，但整体仍落后于国外先进水平。我国强化油气开采项目主要集中在东部、北部、西北部以及西部地区的油田附近及近海地区。强化深部咸水开采与封存技术已完成先导性试验研究，如国家能源集团鄂尔多斯咸水层封存项目完成了 10 万吨 / 年陆上咸水层 CO_2 封存示范，并于 2015 年实现了 CO_2 累计封存约 30 万吨的目标。海上封存项目迈出了坚实的一步，2022 年 6 月中海油大亚湾区 CO_2 捕集利用及封存集群研究项目签署，标志着我国首个海上规模化 CCS/CCUS 集群研究项目正式启动，为推动"岸碳入海"做好了技术储备。虽然驱替煤层气技术略微处于领先水平，但是对于经济效益较好的 CO_2 强化采油技术，我国还处于工业示范阶段，与国外相比差距明显。在强化天然气开采、置换水合物以及强化深部咸水开采与封存技术方面，我国与国际先进水平也存在一定差距。

（5）CCUS 集成优化技术

在 CCUS 集成优化技术方面，我国普遍落后于国际先进水平，尤其是管网优化和集群枢纽两类技术仅处在中试阶段。主要原因是上述各环节关键技术的发展水平不足以支撑我国 CCUS 集成耦合与优化技术的研究，限制了 CCUS 大规模示范的开展，而大规模全链条集成示范项目的缺失又进一步制约了集成优化技术的发展。

8.2　国内外 CCUS 工程发展现状

8.2.1　国际 CCUS 工程发展现状

2015 年《巴黎协定》提振了全球应对气候变化的雄心，全球新规划的 CCUS 项目数量快速增加。根据全球碳捕集与封存研究院（GCCSI）数据，处于建设和运行阶段的商业 CCUS 设施共有 41 个，分布在美国（15 个）、中国（5 个）、加拿大（5 个）、欧洲（9 个）、中东（4 个）、澳大利亚（2 个）、巴西（1 个），可实现 CO_2 捕集规模合计超过 5000 万吨 / 年。计划新建的 CCUS 设施的单体捕集能力呈增加趋势，多数是超过百万吨级全流程项目。CCUS 技术在天然气处理、驱油行业已广泛推广，并逐渐在化工、水泥、钢铁、生物质发电等行业应用，近年来呈现明显的产业化和商业化趋势。

位于美国得克萨斯州的 Century Plant 是全美最大的单一工业源 CO_2 捕集设施。该设施每年从天然气中分离和捕集 CO_2 超过 500 万吨，并将捕集的 CO_2 通过长达 160 千米的陆上管道输送进行强化石油开采。在怀俄明州，Shute Creek 天然气处理厂每年捕集 700 万吨 CO_2 用于强化采油。作为澳大利亚最大的液化天然气生产设施，Gorgon Gas 每年从天然气中分离和捕集 CO_2 超过 400 万吨，并将捕集的 CO_2 注入地下 2 千米处咸水层封存。

全球 CCUS 项目呈现集群化、网络化、开放化趋势，并广泛开展新型技术和跨行业的示范应用。截至 2021 年年底，处于规划和运行中的 CCUS 产业化集群达到 24 个，分布在美国（6 个）、英国（6 个）、荷兰（4 个）、挪威（1 个）、丹麦（1 个）、希腊（1 个）、加拿大（1 个）、澳大利亚（1 个）、中国（1 个）、中东（1 个）、巴西（1 个）。多个规划设计中的 CCUS 集群捕集规模达到千万吨级，其中最大的是美国"休斯敦航道 CCUS 创新区"项目，该项目计划从多个工业领域排放源捕集 CO_2，建成后可在墨西哥湾近海地层每年封存 1 亿吨 CO_2。

油气行业气候倡议组织于 2019 年启动了"CCUS 撬动者计划",旨在推动全球大规模、全流程、多部门整合的 CCUS 产业促进中心建设。挪威"北极光 / 长船"项目建成后将成为欧洲首个跨国境、全流程、开放式 CCUS 项目,不仅从挪威的水泥厂和垃圾电厂捕集 CO_2,同时也为全欧的企业提供商业 CO_2 运输与封存服务,该项目第一阶段将于 2024 年投入运营,预计每年可封存 CO_2 150 万吨,并计划在 2030 年前将这一规模提升到 500 万吨 / 年。荷兰的 Porthos 项目和意大利的 Ravenna 项目也都将在建成后为第三方企业提供 CO_2 运输和封存服务,两个项目在 2030 年的规模预计分别达到 250 万吨 / 年和 1000 万吨 / 年。英国的"净零提赛德"项目将为整个提赛德工业区的所有工业源提供统一的减排方案,2030 年的规模预计达到 1000 万吨 / 年。英国的"西北氢干线"计划通过制氢工厂加装 CCUS 的方式生产"蓝氢",并将捕集的 CO_2 通过管道运输到利物浦湾进行海底封存,2030 年的规模预计达到 1000 万吨 / 年。CCUS 管网建设规模化发展加快,美国已经拥有超过 8000 千米、约占世界 85% 的 CO_2 输送管道。

全球多个大型 CO_2 运输网络项目"CO_2 输运港(CO_2 Trans Ports)"处在规划阶段。项目将连接欧洲三大港口(鹿特丹港、安特卫普港和北海港口)并大规模运输 CO_2,预计将提供 1600 万吨 / 年的运输能力,并视情况进一步增加;荷兰的 Athos 和 Aramis 项目也都计划建立大规模、开放式的 CO_2 运输基础设施,以实现 CO_2 的利用和封存,并支持荷兰和其他欧盟成员国几个工业集群的 CO_2 减排。Summit Carbon Solutions 正在开发全球最大的 CCUS 网络项目之一,其 CO_2 捕集能力预计可达每年 790 万吨。该网络项目将连接全美 31 个独立的生物乙醇工厂,利用大规模低成本捕集 CO_2 来降低运输和封存成本。

负排放相关的 CCUS 前沿技术也在快速发展。自美国 2010 年建成全球首个 DAC 设施后,欧洲、加拿大等纷纷开展 DAC 技术示范。截至 2022 年 5 月,全球共有 18 个 DAC 设施投入运营,CO_2 捕集能力约合 7734 吨 / 年。DAC 正在加速从工程示范阶段走向规模应用阶段。瑞士 Climeworks、美国 Occidental Petroleum、加拿大 Carbon Engineering 等公司提出在 2030 年前建成百万吨级 DAC 项目的目标。美国 2021 年启动的"负碳攻关计划"把 DAC 作为重点发展技术,旨在 2050 年从大气中移除数十亿吨 CO_2。

当前阶段的 DAC 设施大多规模较小,捕集后的 CO_2 一般用于出售和利用,如利用绿氢与 CO_2 生产化学品与燃料、生产碳酸饮料、CO_2 施肥等。在冰岛,Climeworks 公司和 Carbfix 公司首次将从空气中捕获的 CO_2 注入地下的地热流体,与玄武岩发生矿化反应实现固碳。美国正在开发第一个大规模 100 万吨 / 年的 DAC 工厂,该工厂将使用 Carbon Engineering 公司的 DAC 技术,预计在 2024 年建成使用。

BECCS 全球现有或规划中的 BECCS 项目共有 18 个，位于美国、挪威、加拿大、日本、英国等国家，每年可捕集 CO_2 共计 150 万吨。目前最大的 BECCS 项目是美国的 Archer Daniels Midland 公司，CO_2 捕获量可达 100 万吨 / 年，该工厂捕获玉米发酵生产乙醇过程中的 CO_2，然后将其封存于地下咸水层。英国的 Drax 电厂原为燃煤发电，经 BECCS 改造后成为全球第一个 100% 从生物质原料燃烧过程中捕集 CO_2 的项目，且计划于 2027 年达到 400 万吨 / 年 CO_2 的捕集能力，并封存到北海油田。日本 Mikawa 电厂通过生物质和燃煤掺混发电并耦合 CCS 技术，将原本的火电厂转化为生物质发电设施，CO_2 年捕集量达 18 万吨。

8.2.2　我国 CCUS 工程发展现状

我国 CCUS 发展呈现新技术不断涌现、能耗成本逐步降低、技术含量更高、示范项目持续落成等发展趋势。截至 2022 年 9 月，我国规划中、建设中和已投运的 CCUS 示范项目超过 90 个，其中全流程和捕集类示范项目超过 60 个，其余为利用和封存类示范项目。目前已投运项目具备的总 CO_2 捕集能力约为 400 万吨 / 年。

我国已投运的 CCUS 示范项目规模明显扩大，有超过 10 个项目规模在 10 万吨级及以上。我国首个百万吨级 CCUS 项目——齐鲁石化 – 胜利油田百万吨级 CCUS 工程正式建成投产，工程由齐鲁石化 CO_2 捕集、超临界输送管道和胜利油田 CO_2 驱油与封存三部分组成：齐鲁石化新建 100 万吨 / 年液态 CO_2 回收利用装置，回收化肥厂煤制气装置尾气中的 CO_2；建设百千米 CO_2 超临界输送管道，设计最大年输气量达 170 万吨，将捕集的 CO_2 输送至胜利油田用于强化采油。

我国规划和建设中的 CCUS 示范项目规模大幅增加，多个项目设计规模超过百万吨级。例如，华能集团的华能陇东基地碳捕集工程预计 2023 年建成投产，建成后年 CO_2 设计捕集规模超过 150 万吨；新疆广汇碳科技综合利用有限公司整体规划建设的 300 万吨 / 年 CO_2 捕集、管输及驱油一体化项目已正式开工建设。此外，中石油与油气行业气候倡议组织共同策划的新疆 CCUS 产业集群正在积极筹备中，在第一阶段（2025 年）将具备每年 150 万吨 CO_2 的捕集能力，预计到第二阶段（2030 年）每年捕获 300 万吨 CO_2，到 2040 年扩大到每年 1000 万吨。

在目前已投运和计划建设的 CCUS 示范项目中，全流程和捕集类示范项目超过半数，覆盖电力、煤化工、石油化工、水泥、钢铁等领域。其中，中低浓度排放源 CO_2 捕集项目超过半数，来自水泥与钢铁行业的示范项目数量呈逐步增加态势，其余主要是电厂烟气捕集项目；高浓度排放源捕集项目 30 余个，主要来自煤化工、石油化工、油气处理等行业，部分来自乙醇生产和化肥生产、制氢和玻璃等行业。

我国已开展的利用与封存示范项目（包括全流程项目）超过 60 项，其中驱油类示范项目超过项目总数一半。在剩余的利用类项目中，主要以矿化利用、化工利用、生物利用项目为主。地质利用项目（包括驱替煤层气和咸水）和咸水层封存项目不超过 10 项。

8.3 国内外政策发展现状

8.3.1 国际 CCUS 政策发展现状

随着《京都议定书》《巴黎协定》等应对气候变化的国际文件将写入其中，越来越多的国家相继出台了各种政策来支持 CCUS 的发展。

8.3.1.1 财政支持政策

财政支持是促进 CCUS 发展最有效的政策，它包括政府直接资助、激励计划等因地制宜的政策。政府资助是许多国家和地区推广 CCUS 的可行途径。美国国会于 2020 年 12 月通过了《2020 年能源法案》，授权在 2021—2025 年为 CCUS 的研发和示范拨款 60 多亿美元。加拿大政府和阿尔伯塔省政府已为阿尔伯塔碳干线项目投资超过 5 亿加元。欧盟向创新基金投入 100 亿欧元，这将成为欧盟 CCUS 项目的主要资金来源。英国政府已宣布拨款 10 亿英镑用于 CCUS 基础设施建设。挪威政府提供了 19 亿美元投资长船计划 CCS 项目。

除了政府直接资助，一些国家还设立了 CCUS 奖励机制。目前最成熟的是美国实施的 45Q 税收抵免 CCS 专项激励政策。45Q 条款于 2008 年首次颁布，分别为 CO_2 提高采收率项目（CO_2–EOR）和地质储存项目提供差异化的税收抵免（抵免额根据不同利用、封存方式而定）。

8.3.1.2 碳排放约束政策

许多国家为燃煤发电厂制定了碳排放标准。2015 年 7 月加拿大政府对新燃煤电厂实施了一项性能标准，将其排放水平限制在 420 克 CO_2/ 千瓦·时以下，因此新发电机组必须配备碳捕集设施以满足这一性能。美国也提出了针对新发电厂的碳排放标准。2013 年美国环保局建议新建燃煤和小型燃气电厂的碳排放不应超过 454 克 CO_2/ 千瓦·时，大型燃气机组的碳排放不应超过 499 克 CO_2/ 千瓦·时。

碳税是控制 CO_2 排放的重要工具。北欧国家是碳税的早期采用者，也是碳捕集和储存的先驱。挪威在 1991 年引入碳税机制，有力促进了 Sleipner 气田和 Snøhvit 气田 CCS 项目的实施，两个项目的封存量现已超过 2000 万吨。

碳交易是以市场机制减少 CO_2 排放的工具。具有国际属性碳市场，有联合国清洁发展机制（CDM）纳入了 CCUS 项目。发达国家，如美国和加拿大将 CCUS 项目纳入其碳市场。其中，加拿大阿尔伯塔省碳市场拥有的 CCUS 项目数量最多。

8.3.2　我国 CCUS 政策发展现状

8.3.2.1　我国 CCUS 产业政策发展趋势

据不完全统计，目前我国在国家层面已发布超过 60 项涉及 CCUS 的政策文件。国务院、国家发展和改革委员会、科技部等对 CCUS 予以较多的关注。

我国政府从"十一五"期间开始出台相关政策引导 CCUS 技术发展，主要关注技术研发与示范。2006 年国务院发布了第一项涉及 CCUS 的宏观政策《国家中长期科学和技术发展规划纲要（2006—2020 年）》，提出重点研究主要行业 CO_2、CH_4 等温室气体的排放控制与处置利用技术。

"十二五"期间，CCUS 相关政策迅速增加，CCUS 专项政策得到了较大发展，四项专项政策在此期间颁布，包括科技部《中国碳捕集、利用与封存（CCUS）技术发展路线图（2011 年版）》《"十二五"国家碳捕集利用与封存科技发展专项规划》、发改委《关于推动碳捕集、利用和封存试验示范的通知》、生态环境部《关于加强碳捕集、利用和封存试验示范项目环境保护工作的通知》。

"十三五"期间，CCUS 技术标准体系有了较大的突破。生态环境部与住房与城乡建设部分别出台了《二氧化碳捕集、利用与封存环境风险评估技术指南（试行）》和《烟气二氧化碳捕集纯化工程设计标准》。

碳中和目标提出后，随着气候变化"1+N"政策体系的不断完善，CCUS 政策体系也初具雏形。2021 年，CCUS 技术首次被写入中国经济社会发展纲领性文件《中华人民共和国国民经济和社会发展第十四个五年规划和 2035 年远景目标纲要》，显示出 CCUS 技术在未来发展中日益提升的重要性。《中共中央　国务院关于完整准确全面贯彻新发展理念做好碳达峰碳中和工作的意见》《2030 年前碳达峰行动方案》，以及各部委出台的碳达峰碳中和相关政策文件对 CCUS 未来的研发、投资和技术合作作出了部署。

8.3.2.2　我国 CCUS 产业政策框架

国务院是第一个关注 CCUS 技术的部门，自 2006 年以来共出台了 13 项相关政策，其中与中共中央联合发布的政策有 2 项。在 13 项相关政策中，10 项是与技术创新或应对气候变化相关的发展规划或工作计划，2 项是关于碳中和和循环经济的意见，1 项是关于标准化发展的规划。在政策目标方面，2021 年前国务院发布的文件主要集中在电力、煤化工等以煤炭为基础的行业 CCUS 技术研发。

国家发展和改革委员会也密切关注 CCUS 技术发展，自 2012 年以来发布了 14 份政策文件。其中，5 份文件围绕能源生产和消费，特别是以煤炭行业为重点的战略或计划；5 份文件是低碳或战略性新技术目录，涉及 CO_2 利用技术等；2 份是关于 CCUS 的专项通知，一是 2013 年 4 月发布的《关于推进碳捕集、利用和封存试点示范的通知》，二是 2021 年 6 月发布的《关于请报送二氧化碳捕集、利用与封存（CCUS）项目有关情况的通知》。国家发改委下属的国家能源局也发布了与 CCUS 技术相关的 3 份方案和 1 份意见，这 4 份文件重点关注发电厂 CO_2 捕集的研发和能源开发中的地质利用。

科技部先后发布了行动计划、制定方案、技术路线图等 7 份文件。虽然文件数量不及国务院和发改委，但已发布了《中国碳捕集利用与封存技术发展路线图》（2011 年版和 2019 年版）和《"十二五"国家碳捕集利用与封存科技发展专项规划》等 3 项 CCUS 专项政策。

生态环境部颁布的政策强调环境风险评估和气候融资。2013 年和 2016 年生态环境部出台了 2 项针对 CCUS 技术的专项政策，聚焦 CCUS 技术的环境评价。从 2020 年开始，生态环境部开始将重点转移到技术研发和气候融资上。

人民代表大会于 2021 年批准了《中华人民共和国国民经济和社会发展第十四个五年规划和 2035 年远景目标纲要》，在环境保护和资源节约项目中包含开展 CCUS 等重大项目的示范。

工业和信息化部发布了与工业领域绿色发展和碳峰值相关的 4 项规划和 1 项意见，重点关注水泥和化工生产等工业部门的技术研发。

自然资源部先后发布了 2 份与 CCUS 相关的文件，均聚焦于地质封存，包括技术研发、存储能力评估、技术合作等。

住房和城乡建设部发布了《烟气二氧化碳捕集纯化工程设计规范》，是目前仅有的 2 个全国性 CCUS 专用标准之一。

教育部发布《2022 年人才培养工作方案》，提出推进 CCUS 平台建设和人才培养、引进海外高水平人才。

中国人民银行印发的《绿色债券支持项目目录（2021 年版）》囊括了能源和工业领域的 CCUS 项目建设和运营情况。

8.4　CCUS 成本现状与趋势

CCUS 技术环节成本是 CCUS 技术在实际操作的全流程过程中，各个环节所需要的成本投入，其中，以碳捕集技术成本在 CCUS 全流程中占比最大，为 60% ~ 80%。预计至 2030 年，CO_2 捕集成本为每吨 CO_2 90 ~ 390 元，2060 年为每吨 CO_2 20 ~ 130 元；CO_2 管道运输是未来大规模示范项目的主要输送方式，预计 2030 年和 2060 年管道运输每千米每吨 CO_2 成本分别为 0.7 元和 0.4 元。2030 年 CO_2 封存每吨成本为 40 ~ 50 元，2060 年 CO_2 封存每吨成本为 20 ~ 25 元。

8.4.1　捕集环节成本

（1）燃烧前捕集技术

溶液化学吸收法的成本约为 230 元 / 吨 CO_2，预期到 2030 年捕集成本可降到 200 元 / 吨 CO_2，2035 年捕集成本可降到 190 元 / 吨 CO_2，2050 年捕集成本可降到低于 115 元 / 吨 CO_2；燃烧前溶液物理吸收捕集技术成本目前约 167 元 / 吨 CO_2，预期到 2030 年捕集成本可降到 125 元 / 吨 CO_2，2035 年捕集成本可降到 120 元 / 吨 CO_2，2050 年捕集成本可降到低于 100 元 / 吨 CO_2。

固体吸附法大多用于 IGCC 电厂或者合成氨厂排放的尾气，捕集成本约为 70 元 / 吨 CO_2，远低于其他类型的 CO_2 捕集技术，具有较好的经济可行性。未来捕集成本降低主要在于更大规模单体装置设备投资的降低。预计在 2035 年，CO_2 捕集技术单体规模达到 100 万吨级，其捕集成本可降低到 60 元 / 吨 CO_2 以下，2050 年捕集电耗在 20 千瓦·时 / 吨 CO_2 左右，捕集成本降低到 50 元 / 吨 CO_2。

膜分离法燃烧前 CO_2 捕集技术主要应用在合成气脱碳领域。由于高纯 H_2 产品价格很高，H_2 回收率是影响制氢过程经济效益的关键因素。针对 CO_2 优先渗透膜，当采用一级膜过程，进料气压力为 3MPa，CO_2 渗透速率为 100GPU，CO_2/H_2 分离因子为 30 时，所得 H_2 纯度和回收率分别达到 90%～95% 和 90%～93%，其成本为 90 美元 / 吨 H_2，远低于采用单甲基二乙醇胺（MDEA）作为吸收剂的吸收单元的成本（300 美元 / 吨 H_2）。

低温分馏法的原料气压缩和液化电耗在 200 千瓦·时 / 吨 CO_2 左右，对高浓度的 CO_2 捕集经济性较好，成本较低。低温分馏法目前捕集成本在 170 元 / 吨 CO_2 左右，预计到 2030 年，随着单体规模的增加和设备投资的降低，捕集成本可降低到 130 元 / 吨 CO_2 左右；到 2050 年，捕集成本降低到 120 元 / 吨 CO_2 左右。

（2）燃烧后捕集技术

根据《中国碳捕集利用与封存技术发展路线图（2019 版）》，综合考虑火电行业发展规律与捕集技术的发展趋势，预期到 2030 年捕集成本可降到 170～270 元 / 吨 CO_2，到 2050 年捕集成本将降到 130～195 元 / 吨 CO_2。

燃煤电厂 CO_2 捕集通过采用基于 30%MEA 的化学吸收法捕集工艺，设备投资后捕集成本约为 300 元 / 吨 CO_2。目前应用第二代混合胺吸收剂以及富液分级流、级间冷却等节能工艺，CO_2 捕集成本约为 270 元 / 吨 CO_2。随着新型反应器的研发和工艺进步，预期到 2030 年我国化学吸收法燃烧后 CO_2 捕集装置单体规模可达百万吨，捕集成本可降到 220 元 / 吨 CO_2，2035 年可降到 190 元 / 吨 CO_2 以下，2050 年可降到 170 元 / 吨 CO_2 以下。

化学吸附捕集设备投资较高，是当前化学吸收技术的 5～10 倍，化学吸附

法燃烧后 CO_2 捕集成本在 400 元 / 吨 CO_2 左右。考虑到 2030 年化学吸附法燃烧后 CO_2 捕集装置单体规模可达到 10 万吨 CO_2，捕集成本可降低至约 270 元 / 吨 CO_2；预期到 2035 年化学吸附法燃烧后 CO_2 捕集装置单体规模可达到 20 万吨 CO_2，捕集成本可降低至约 225 元 / 吨 CO_2；预期到 2050 年化学吸附法燃烧后 CO_2 捕集装置单体规模可达到 50 万吨 CO_2，捕集成本可降低至约 170 元 / 吨 CO_2，与化学吸收法捕集成本相当。

物理吸附法燃烧后 CO_2 捕集技术的运行成本约为 300 元 / 吨 CO_2，具有一定的经济可行性。预期到 2030 年捕集成本降到 280 元 / 吨 CO_2 以下，全国总规模可达 1000 万吨，和 2020 年相比新增产值 28 亿元；到 2035 年捕集成本降到 245 元 / 吨 CO_2 以下，全国总规模可达 2000 万吨，和 2020 年相比新增产值 49 亿元；到 2050 年捕集成本降到 195 元 / 吨 CO_2，全国总规模可达到 5000 万吨，和 2020 年相比新增产值 97 亿元。

膜分离法碳捕集工艺可大大降低捕集过程的固定投资成本，如极大减少占地面积（吸收法与同等捕集量相比将节地约 80%）、仪器设备投资等。目前，国内的膜分离法碳捕集装置可实现 CO_2 捕集率和纯度同时大于 70%，成本大约为 60 美元 / 吨 CO_2。预计到 2030 年，随着膜性能的进一步提高和膜分离法碳捕集系统集成工艺的深入研究，综合成本比现有的膜分离法碳捕集技术降低 20% 左右。

（3）富氧燃烧技术

目前，我国富氧燃烧碳捕集装置单体规模为每年搜集 CO_2 10 万吨，捕集成本为 380 元 / 吨 CO_2。综合考虑富氧燃烧技术成熟度、经济性、应用场景，以及 CO_2 利用或封存匹配条件，预计到 2030 年，富氧燃烧装置年捕集高浓度 CO_2 约 500 万吨，捕集成本降至 220 元 / 吨，和 2020 年相比新增产值 11 亿元；预计到 2035 年，富氧燃烧装置年捕集高浓度 CO_2 约 3 亿吨，捕集成本可降至 190 元 / 吨以内，和 2020 年相比新增产值 570 亿元；预计到 2050 年，富氧燃烧装置年捕集高浓度 CO_2 约 6 亿吨，捕集成本保持为 140 元 / 吨，和 2020 年相比新增产值 840 亿元。

（4）化学链燃烧技术

化学链燃烧在降低 CO_2 捕集能耗和成本方面极具优势。在考虑设备投资、残余碳燃烧所需氧气制备、载氧体成本等因素的情况下，预计到 2030 年，化学链燃烧技术的捕集成本预期可降到 80 元 / 吨 CO_2，化学链技术单体装置规模达到 10 万吨 CO_2，捕集潜力达到百万吨，和 2020 年相比新增产值 8000 万元；到 2035 年，化学链技术单体装置规模达到 30 万吨 CO_2，捕集潜力达到 0.5 亿吨 CO_2，和 2020 年相比新增产值 37.5 亿元；到 2050 年，捕集成本可降到 65 元 / 吨 CO_2，单体装置规模达到 100 万吨 CO_2，捕集潜力达到 2 亿吨 CO_2，和 2020 年相比新增产值 130 亿元。

8.4.2　运输环节成本

罐车运输主要应用于年 CO_2 输送规模小于 10 万吨，成本一般在每吨 CO_2 每千米 1 ~ 1.5 元，与船舶运输和管道运输相比，选择罐车进行远距离运输、或者运输大量的 CO_2 并不经济，故其通常仅用于 CO_2 输送规模非常小或者需要灵活运输的场合。预计 2030 年以后，随着管网建设的推进、源汇匹配的优化，大规模 CO_2 罐车输运将逐渐被管道输送方式所替代。

船舶运输是相对比较经济的运输方式，影响其成本的因素包括：气源到船运码头的短距离输送方式、CO_2 中转站建设、船运终点码头的卸料方式、终点码头到 CO_2 利用点的输送方式等。目前，内陆船舶运输技术已成熟，主要应用于年 CO_2 输送规模低于 10 万吨，成本约为每吨 CO_2 每千米 0.30 元。当输送距离大于 1500 千米，其优势更为明显，运输成本会降至每吨 CO_2 每千米 0.1 元。CO_2 船舶运输成本，一方面受运输距离和运输量的影响，另一方面，CO_2 液化系统的设计以及运输压力也将提升 CO_2 船舶运输成本。

管道输送与其他两种方式相比成本最低，输送安全性最高，适用于远距离和大量 CO_2 的输送，但初始投资较大。在小流量下，管道运输成本非常高，随着运输量的增加，管道成本迅速下降，当运输量达到兆吨级范围，管道成本就会有效地趋于平稳。基于现有 CO_2 海底管道的技术特征，对于给定的 100 千米管道，当设定运输量范围为 300 万 ~ 2000 万吨 / 年，平准化成本为 0.10 ~ 0.41 元，相比罐车和船舶运输，超临界管道运输成本每吨 CO_2 每千米为 0.4 ~ 0.5 元，未来随着输送规模的增大，预计管道运输成本可降至每吨 CO_2 每千米为 0.3 元以下。此外，随着运输距离的增加，CO_2 运输管道初始投资及运输成本基本都呈现线性增长的趋势。

8.4.3　封存环节成本

枯竭油气田封存成本约为 50 元 / 吨 CO_2，陆上咸水层封存成本约为 60 元 / 吨 CO_2。由于海上封存需要铺设海底管道以使用管道船进行运输，海上钻机以更高的速度钻探注入井，并与该地区更高的劳动率相配合，海上储存的成本更高，约为 300 元 / 吨 CO_2。对于企业来说，碳封存技术成本较高，且不具备附带经济价值，需要政策激励。根据《中国碳捕集利用与封存技术评估报告》，其他 CO_2 地质利用与封存技术，如 CO_2 强化原油开采、CO_2 强化天然气开采、CO_2 强化页岩气开采、CO_2 原位矿化封存等技术经济性评估结果如图 8.2 所示。

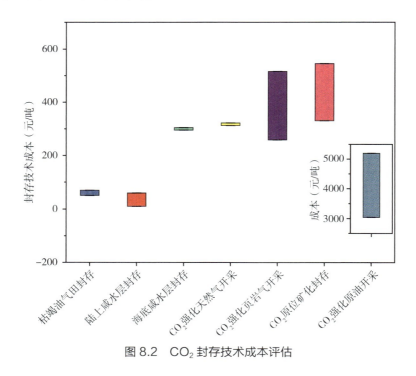

图 8.2　CO_2 封存技术成本评估

8.5　CCUS 收益机制与趋势

尽管当前 CCUS 技术成本相对较高，但随着技术成熟度的提升和规模化效益的显现，CCUS 低成本或可投资机会将逐渐增多。根据碳收集领导人论坛（CSLF）发布的 CCUS 路线图报告，到 2050 年，新一代捕集技术将发展成熟并实现商业化推广，相比当前技术可实现能耗和成本均降低 30% 以上。届时 CO_2 利用技术产业化需求大幅增加，随着多个 CCUS 产业集群的形成，规模化效应将逐步显现。此外，未来全球碳价的增长，超前的技术储备可有效提升 CCUS 技术的收益空间，大大改善 CCUS 技术的经济可行性。

8.5.1　CO_2 利用机制

CCUS 技术具有负成本的早期机会。特定条件下，依靠 CO_2 化工、生物和地质利用带来的可观经济收益能够抵消捕集、运输、封存环节的相关成本，实现 CCUS 技术的负成本应用。例如，CO_2 的地质利用可在实现碳减排的同时，通过注入 CO_2 驱替、置换油、气、水等产品带来收益。在较好源汇匹配条件下，我国部分 CCUS 项目成本低于 EOR 驱油收益，具有负成本减排潜力。IPCC AR6 评估报告指出，将捕集的 CO_2 重新作为原料生产具有一定价值的"绿碳"产品，一方面

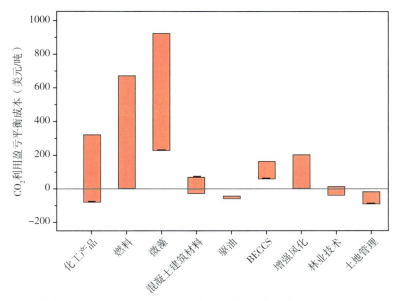

注：CO_2 利用成本表示每吨 CO_2 利用的盈亏平衡成本，故有正负之分。

图 8.3　2050 年 CO_2 不同利用路径的盈亏平衡成本评估

可以抵消缓解气候变化成本，另一方面可以增加减排收益（图 8.3）。在不考虑其他外部机制的条件下，预计到 2050 年，CO_2 用于驱油（EOR）、化工产品、混凝土建筑材料的成本将显著下降，分别为 $-60 \sim -45$ 美元 / 吨 CO_2、$-80 \sim 320$ 美元 / 吨 CO_2、$-30 \sim 70$ 美元 / 吨 CO_2，逐步具备盈利机会。

8.5.2　碳定价机制

合理的碳定价机制可使 CCUS 技术更具备经济可行性。在碳定价机制等外在收益存在的情况下，CCUS 可以通过获得的额外减排收益抵消部分成本而实现经济性。在合理碳价水平下，CCUS 技术同样存在实现盈利的可能。

燃煤电厂和燃气电厂加装 CCUS 技术要求在较高碳价水平下才具有经济性。已有研究对 CO_2 减排投资和 CCUS 投资的临界碳价进行了讨论。Renner（2014）研究指出，当 CO_2 价格在 $65 \sim 115$ 欧元 / 吨 CO_2 时，具有 CCUS 的燃煤电厂将更有利可图。Zhang 等基于三叉树建模的实物期权方法研究发现，当碳价格上升到 $350.0 \sim 371.8$ 元 / 吨 CO_2 时，预投资捕集改造的电厂将有机会立即部署 CCUS 改造。Wang 和 Du 指出 CCUS 投资的临界碳价格在 100% 补贴的情况下为 103.56 元 / 吨，在没有补贴的情况下为 217.95 元 / 吨。Elias 等运用实物期权的方法，在市场管制、电价和天然气价格不确定的情况下，对现有燃气电厂的 CCUS 改造进行了投资决策评估，结果表明，如果碳价格达到 $140 \sim 185$ 美元 / 吨，电厂会选择燃烧后捕集技术，如果碳价进一步上升，电厂选择富氧燃烧技术投资收益更大。

8.5.3 技术储备机制

超前储备并加快推广 CCUS 技术可避免大量基础设施搁浅的成本。利用 CCUS 技术对能源和工业部门的基础设施改造能够大规模降低现有设施碳排放，避免碳约束下大量基础设施提前退役而产生高额的搁浅成本。

我国是世界上最大的煤电、钢铁和水泥生产国，且这些重点排放源的现有基础设施运行年限不长。考虑到基础设施的使用寿命一般为 40 年以上，若不采取减排措施，碳中和目标下这些设施几乎不可能运行至寿命期结束。运用 CCUS 技术进行改造，不仅可以避免已经投产的设施提前退役，还能减少因建设其他低碳基础设施而产生额外投资，显著降低实现碳中和目标的经济成本。IPCC AR6 评估表明，如果不加装 CCUS，2015—2050 年将导致大量能源、工业等基础设施提前退役，造成 1 万亿～4 万亿美元或更高的资产搁浅。我国煤电搁浅资产规模可能高达 3.08 万亿～7.20 万亿元，相当于中国 2015 年 GDP 的 4.1%～9.5%。

第9章 CCUS 发展战略

我国 CCUS 发展远景将与"双碳"目标的实现紧密结合。"双碳"目标下，将依托 CCUS 相关基础设施壮大涉碳产业、制备零碳能源、促进工业零碳，并逐步实现区域乃至跨区域的脱碳协同发展等。尽管我国近年来在 CCUS 示范项目建设上取得了积极的进展，但仍存在技术路径相对单一、多数项目规模偏小、技术成本相对偏高、商业模式尚未形成、激励机制相对单一等问题，与实现碳中和目标所需的 CCUS 发展水平存在一定差距。

发展大规模 CCUS 项目、促进 CCUS 与其他产业耦合发展对我国碳中和目标的实现有着重要的作用。相关项目或需要对多个行业、分散的点源碳排放进行捕集与收集；依托较低运营成本、大规模运输能力的 CO_2 管网，将碳排放运输至封存/利用区域；基于丰富的地质封存储量与相关利用条件、集群配套相关 CO_2 封存/利用设施，实现大规模的 CO_2 封存与多元化的 CO_2 利用，最大限度地降低碳排放、挖掘碳产业潜力。

9.1 CCUS 与其他产业耦合发展

CCUS 与能源、工业系统、农业等的耦合发展有助于促进 CCUS 及相关产业发挥协同减排、绿色发展的优势。结合相关工程案例，可初步归纳为三种 CCUS 类型。一是 CCUS 与化工产业耦合，通过捕集制氢、钢铁、煤化工或炼焦排放的 CO_2 并将其转化为化工产品，是基于碳资源化转化的利用途径。国内已有相关化工园区开展了相关探索，例如通过收集园区内 CO_2 排放，并将其作为重要的化工原料生产甲醇等燃料和化学品，实现了就地 CO_2 消纳与提升经济收益，促进了区域低碳与零碳产业发展。二是 CCUS 与能源产业耦合，通过捕集钢铁、水泥、火电、制氢等排放的 CO_2，并将其用于强化石油开采、强化地热开采、咸水层封存等，实现了碳减排与能源产品收益。三是 CCUS 与农业的耦合，通过捕集工业领

域排放的 CO_2 用于农业和生物质能开发利用，典型技术路径如 CO_2 气肥利用能够有效减少化肥、农药使用并大幅提升作物产量。

9.1.1　国外 CCUS 产业耦合发展

国外围绕 CCUS 产业耦合发展有相关项目探索。针对 CCUS 与化工产业耦合，有美国建筑材料化学实验室提出了"实现 CO_2 利用制备水泥"研发项目等；针对 CCUS 与能源产业耦合，有美国世纪工厂项目（Century Plant）、美国 Shute Creek 天然气处理厂项目、加拿大边界大坝项目（Boundary Dam）等；针对 CCUS 与农业的耦合，有美国国家能源技术实验室"碳捕集与利用制备蛋白质和脂肪酸"研发项目等。目前，以 CCUS 与能源产业耦合项目数量相对较多，而 CCUS 与化工产业耦合、CCUS 与农业的耦合也体现出较好的发展势头。

（1）CCUS 与化工产业耦合

以美国能源部公布的 2022 年重点支持项目——美国建筑材料化学实验室"利用 CO_2 制备水泥"研发项目为例。该项目基于现阶段 CO_2 养护混凝土水平做进一步提升，着力解决过程中成本相对较高、对 CO_2 原料浓度要求较高等问题。项目通过优化制备过程、开发相关处理模型，提升利用 CO_2 制备水泥技术的应用水平，以进一步验证技术可行性。项目还将从生命周期角度、技术经济性角度，分析 CO_2 制备水泥对市场带来的相关影响。

（2）CCUS 与能源产业耦合

以加拿大的边界大坝项目（Boundary Dam）为例，该项目是全球首个燃煤电厂全流程 CCUS 项目，能够生产清洁电力、通过 EOR 增产石油和实现碳封存，于 2011 年正式开工，2014 年 6 月完成改造并在 10 月正式投运。截至 2022 年 7 月数据，加拿大边界大坝项目从 2014 年运营算起，已累计捕集了 450 万吨 CO_2，并且保持了长时间的使用（以 2022 年第二季度统计结果显示，能够确保在 96% 时间段内的正常运行）。

该项目是燃煤电厂实现低碳发展的典型案例。2012 年 9 月，加拿大政府颁布实施了《燃煤发电二氧化碳减排条例》，要求自 2015 年 7 月起，所有新建和已达到设计寿命的燃煤电厂，二氧化碳排放强度必须降至与天然气发电相当，即 420 吨 CO_2/ 吉瓦·时以下，即意味着强制要求新建和延寿电厂建设配套 CCS 项目。萨斯喀彻温省的萨省电力公司（SaskPower）拥有几乎覆盖萨省全境的发电、输电与供电独家牌照，受到上述条例的影响较大。2010 年，萨省电力公司决定对其电厂的 3 号机组（BD3）进行升级改造，改装后的电厂从 139 兆瓦的发电量降至 110

图 9.1　加拿大边界大坝项目

兆瓦，碳排放强度降至 382 吨 CO_2/ 吉瓦·时，低于《燃煤发电二氧化碳减排条例》碳税门槛要求。

　　加拿大边界大坝 BD3–CCS 项目采用燃烧后捕集 – 溶剂吸收法。其特别之处在于前端 SO_2 也采用相同的吸收工艺，因此被称为 SO_2–CO_2 联合捕集工艺。该工艺由壳牌 CANSOLV 公司提供。SO2–CO_2 联合捕集工艺能够捕集 90% 的 CO_2、100% 的 SOx，还能够对 50% 的 NOx 和其他有害颗粒物进行处理。捕集的 CO_2 通过管道被送往两个地方：一是约 70 千米外的 Weyburn 油田，注入 1700 米深的油井用于强化采油（EOR）；二是附近 2 千米远的 Aquistore 碳封存研究基地，注入 3400 米深的咸水层进行永久地质封存。

　　（3）CCUS 与农业的耦合

　　以美国能源部公布的 2022 年重点支持项目"碳捕集与利用制备蛋白质和脂肪酸"研发项目为例。该项目将电厂烟道气捕集的 CO_2 输送并用于培养微藻。培育的微藻能够用于制备植物油、蛋白质等中间产品，并可进一步制备多种消费品、饲料以及航空燃油等产品。该项目预计实现 24 小时不间断碳捕集能力，实现 70%～90% 的碳捕集效率，90%～100% 的碳利用效率。

9.1.2　我国 CCUS 产业耦合发展

　　近年来，我国围绕 CCUS 与能源、工业系统耦合发展取得了一定的突破。我国开展了较多的 CO_2 驱油增产项目，并且以中石化齐鲁石化 CCUS 项目为典型突破了 100 万吨的规模。我国在规划和建设更多、更大规模的耦合项目，相关能源

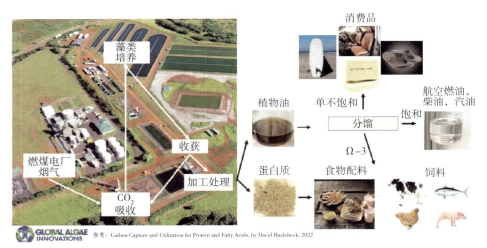

图 9.2 美国"碳捕集与利用制备蛋白质和脂肪酸"项目

产品除油气、清洁电力以外还包括氢能等。

我国一些化工园区、研究机构、国有企业等正在加快推动 CCUS 与化工产业耦合。例如新疆库尔勒市上库高新技术产业园基于已初步建成的炼化纺一体化、烯烃、化工高端新材料、生物医药四大产业基地基础上，开展 CCUS 示范基地建设，以支撑园区实现 2030 年减少千万吨碳排放目标，并且旨在利用捕集的 CO_2 生产尿素、绿色甲醇等产品。结合中国科学院大连物理化学研究所"液态阳光"理念，中国中煤能源集团有限公司鄂尔多斯能源化工有限公司开展了 10 万吨 / 年液态阳光 CO_2 加绿氢制甲醇技术示范项目，项目将建设 10 万吨 / 年 CO_2 加氢制甲醇装置和 15 万吨 / 年 CO_2 捕集精制装置。

我国 CCUS 与化工产业耦合、CCUS 与农业耦合都有着重要发展前景。我国面临东部碳源、西部碳汇匹配高昂的 CCUS 基础设施建设成本。CCUS 与化工产业耦合发展，有助于我国西部、东部地区实现就地 CO_2 消纳。我国 CCUS 与农业的耦合也有开展 CO_2 气肥项目的探索，未来在利用 CO_2 提升农产品的产量、质量等方面有着发展潜力。

9.2 CCUS 与碳市场衔接

国际上已有利用碳市场机制降低 CCUS 成本、推动 CCUS 应用的相关机制和案例。我国碳市场机制正在不断发展，有望借鉴国外相关经验逐步考虑纳入 CCUS，以进一步激励我国 CCUS 发展。

9.2.1　国外碳市场与 CCUS 衔接案例

（1）联合国 CDM 机制

为调动资金支持发展中国家的低碳技术发展，联合国设立了清洁发展机制（CDM 机制），将被签发的核证减排量（Certified Emission Reduction，CER）用于参与碳市场和气候融资，相关机制探讨了 CCUS 项目。2005 年，越南石油天然气总公司（Petro Vietnam）与三菱重工（Mitsubishi Heavy Industries）在完成越南 White Tiger CCUS 项目的可行性研究后，向联合国递交了将该项目纳入 CDM 机制的申请。这是首次将 CCUS 项目与碳市场进行衔接的尝试。截至 2020 年初，通过核证的 CCUS 项目仅有 1 项，核证减排量仅为 20 万吨 CO_2-eq。

联合国 CDM 机制签发 CCUS 项目的核证减排量较少，主要有三方面原因：一是 CCUS 项目政策监管体系并不完善，潜在风险较高，CCUS 项目的技术环节较多、产业链较长，会导致项目需要跨地区、跨部门的监管和协调机制，在项目结束后也需要较长的监测周期和明确的责任转移机制；二是 CCUS 技术成熟度还有待提升，全球 CCUS 项目的发展实际上仍处于技术研发阶段，虽然有项目已经验证了其在部分工业行业的商业可行性，且碳捕集技术呈现了蓬勃的发展趋势，但从整体而言距离全工业行业 CCUS 项目商业化还有一段距离；三是国际环境和 CDM 机制本身的发展问题，在过去 10 年里，部分发达国家对应对气候变化问题的态度多次转变影响了 CDM 机制在促进国际间温室气体减排的作用，而相较于 CCUS 项目，CDM 机制在甲烷回收、垃圾发电和可再生能源等项目上的核算方法学和签发流程的设计上更为完善，CCUS 项目复杂的技术环节和产业链将带来较高的审批风险，也是 CDM 机制收紧对 CCUS 项目审批的主要原因。

（2）美国自愿碳登记系统

1997 年，美国成立了专门开展低碳项目的减排量核证工作的碳登记系统（American Carbon Registry，ACR）。截至 2020 年初，ACR 的项目注册数为 122 个，总计核证减排量 5000 万吨 CO_2-eq。依据 ACR 核证的减排量可以用于美国加州碳排放体系。另外，由于美国加州碳排放体系还与魁北克碳市场和美国区域温室气体减排行动（Rregional Greenhouse Gas Initiative，RGGI）碳市场进行了多边衔接，项目的交易边界得到扩展。CCUS 项目在 ACR 中的注册量最多，其核证减排量占总签发量的 43.2%。

（3）加拿大区域碳抵消系统

加拿大已建立包括阿尔伯塔省、不列颠哥伦比亚省在内的 13 个地方碳市场。其中，阿尔伯塔碳市场是纳入 CCUS 项目最多的碳市场，CCUS 项目可以通过阿尔伯塔排放抵消体系（Albert Emission Offset System，AEOS）进行认证。阿尔伯塔排放抵消体系建立于 2008 年，截至 2020 年初，该体系注册项目 271 个，总计签发核证减排量 5600 万吨 CO_2-eq，其中 CCUS 项目的核证减排量占总签发量的 9.2%。

9.2.2　我国碳市场与 CCUS 衔接的考虑

我国 CCUS 技术研发支持主要是通过政策层面的专项资金予以支持，主要包括国家自然科学基金、"973"计划、"863"计划、国家重点研发计划等科技计划，推动了 CCUS 相关基础研究、关键技术攻关、项目集成示范。随着双碳目标的不断推进，国内从事 CCUS 技术研发的企业数量快速增长、开展 CCUS 项目的规模不断扩大，需要更多的资金来源以推动 CCUS 的发展。

由于技术研发活动是长期行为，特别是在提高技术成熟度（TRLs）的过程中需要持续探索提升技术效率、降低运营成本的技术方式，涉及开发新材料、优化设备性能等，需要确保资金的长期和持续。与此同时，我国 CCUS 项目规模也在逐渐增大，对资金量的需求攀升。相关研究表明，CCUS 年产能将从目前的 4000 万吨增长至数十亿吨，预计未来 30 年，该产业需要 6550 亿美元至 1.28 万亿美元的投资。

从上述原因出发，我国通过推动碳市场与 CCUS 衔接将有望长期支撑 CCUS 技术研发与示范应用。从实践角度出发，未来可探讨如下的政策选项。①修订《企业温室气体排放核算方法与报告指南　发电设施》和即将纳入全国碳市场的电解铝、水泥等行业的温室气体排放核算指南，在企业温室气体排放量中扣除碳捕集部分。②参考部分试点市场在配额分配方案中设定"环保排放修正系数"的做法，在全国碳市场配额分配方案中新设"碳捕集修正系数"，使重点排放企业获得额外的碳配额分配量。③支持针对 CCUS 项目的 CCER 方法学开发，并允许其作为合格减排量用于碳市场履约。对于碳捕集与利用项目"碳泄漏"风险，可适当参考国家林业碳汇方法学或地方林业碳普惠项目方法学的做法。④鼓励国际机构和跨国企业通过自愿减排市场积极购买 CCUS 碳减排量。

与此同时，我国碳市场与 CCUS 衔接也存在以下挑战。一是 CCUS 丰富的应用方式、复杂的技术路径为其纳入碳市场带来了障碍。CCUS 有多个技术路径具有一定的固碳效果，除了最普遍的 CCS 与 EOR 以外，广义上还可以包括生产建筑材料（如 CO_2 养护混凝土）、生产聚合物产品等，相关技术路径的减排效果从生命周期角度分析可能存在难以准确量化的情况。二是 CCUS 减排量转化碳信用的核算方法学或标准尚不完备。中国目前已编制和发布的团体标准、行业标准涉及碳捕集、碳封存等方面，大多由某个行业单独编制，较适用于特定的技术类型、应用场景和市场需求，如针对全流程 CCUS 项目尚不具有较强的系统性和国际兼容性。

9.3　CCUS 的战略举措

9.3.1　统筹 CCUS 规划与管理

我国现有政策多以柔性的引导和鼓励为主，有待结合碳达峰、碳中和 "1+N" 政策体系、区域经济社会发展特点，制定地区层面的 CCUS 发展的指导意见，明确 CCUS 在区域内发展的战略定位。制定区域层面的 CCUS 发展路线图，形成稳定积极的政策预期。对区域内 CCUS 相关基础设施建设进行规划，分阶段推进区域的源汇匹配，逐步实现依托 CCUS 带动区域绿色发展新格局。

有待强化 CCUS 监管与形成规范标准体系。我国 CCUS 主管机构涉及工业部门、交通部门、矿产资源部门、环境部门等，仍需继续提升跨部门合作以实现对 CCUS 的有力监管。针对较长链条的 CCUS 项目，应要求 CCUS 项目参与方明确 CCUS 环境与安全风险，开展 CCUS 项目监测、报告与验证（MRV）以及履行环境安全职责。与此同时，行业界需结合全流程 CCUS 示范项目进一步完善规范和标准体系，例如开发面向全流程 CCUS 项目的核算方法学等，促进 CCUS 相关产业规范化发展。

9.3.2　探索多元化的激励措施

应积极探讨针对 CCUS 项目的多元化激励举措。除了考虑将 CCUS 与碳市场衔接以外，还可探索如下方式：①实施如税收减免、差异化补贴等有助于 CCUS 发展的创新性激励政策，例如将 CCUS 项目纳入《资源综合利用产品和劳务增值税优惠目录》，享受增值税即收即退政策，以及运用央行碳减排支持工具给予 CCUS 项目建设低息贷款；②结合目前国家开展的气候投融资试点，探索 CCUS 商业化投融资机制，积极利用绿色金融、气候债券、低碳基金等多种方式支持 CCUS 项目示范。

9.3.3　不断丰富 CCUS 实践经验

应积极推动相关方不断积累经验与开展能力建设。近年来我国 CCUS 项目规模化趋势凸显，我国 CCUS 相关行业有待加快积累 CCUS 工程实践经验，特别是大规模 CCUS 项目的建设与运营管理经验等。与以往小规模 CCUS 项目相比，大规模 CCUS 项目有碳源企业、管道运输企业、交通运输企业、油田区块承包商、技术服务企业等多方参与。CCUS 项目牵头方对全流程项目的管理十分复杂，需要在 CCUS 项目规划、建设、运营、管理等诸多环节实现突破与创新，与相关方共同探讨和加快推动 CCUS 商业模式的形成。

第三篇　碳市场

第 10 章　碳交易与碳汇交易

碳交易是国际社会运用市场机制应对全球气候变化的重要措施，主要通过碳排放配额的分配、交易等手段低成本实现控排目标。碳汇交易是碳交易的一种重要类型。科学认识碳交易的原理、主要碳交易类型、市场主体及相关运行机制是建立健全碳交易和碳汇交易市场的重要基础。

10.1　碳交易原理、机制和作用

10.1.1　碳交易的产生与背景

10.1.1.1　《联合国气候变化框架公约》

1988 年，世界气象组织与联合国环境规划署共同组织成立了政府间气候变化专门委员会。同年 12 月，联合国大会成立政府间谈判委员会，于 1992 年组织谈判制定了《联合国气候变化框架公约》（以下简称《公约》）。《公约》自缔约之日起，截至 2022 年 12 月已经有 198 个缔约方，是国际环境与发展领域影响最大、涉及面最广、意义最为深远的国际法律文书。《公约》就全球应对气候变化问题提出了一个重要原则——"共同但有区别的责任"。"共同"责任就是各国都要根据各自的能力保护全球气候；"区别"责任即要求发达国家率先采取减排行动，并向发展中国家提供技术和资金支持。《公约》明确确定了应对气候变化的最终目标是"将大气中温室气体的浓度稳定在防止气候系统受到危险的人为干扰的水平上。这一水平应当在足以使生态系统能够自然地适应气候变化，确保粮食生产免受威胁，并使经济发展能够可持续地进行"。第一次提出全球温室气体排放总量控制目标："采取措施，争取 2000 年温室气体排放量维持在 1990 年的水平"。由于《公约》只是框架性的，没有对各缔约国规定具体的排放许可额度和减排义务指标，因此缺乏可操作性。

10.1.1.2 《京都议定书》

1997 年 12 月在日本京都召开的《公约》第三次缔约方大会上通过了《京都议定书》。《京都议定书》是全球第一个具体定量发达国家温室气体排放许可量和减排义务的国际法律性文件，详细制定了全球温室气体排放总量控制目标：规定附件一缔约方发达国家和转轨经济国家在 2008—2012 年内要将其国内 CO_2 等温室气体排放量控制在 1990 年的基准水平上至少减少 5%。根据"共同但有区别"的原则，议定书未对发展中国家规定定量的排放控制目标和减排义务。

（1）定量分配排放许可额

《京都议定书》规定了附件一缔约方发达国家和转轨经济国家温室气体排放控制总量后，根据缔约方国家之间谈判协商，《京都议定书》又确定了附件一缔约方各国在第一承诺期（2008—2012 年）温室气体最大允许的排放权或减排义务；这最大允许的排放权即排放许可量为该缔约国温室气体排放的分配数量，以分配数量单位（Assigned Amount Units，AAUs）来计量。排放许可量分配过程的经济意义是，通过向缔约方各国分配排放许可量，明确了缔约方各国对大气容量资源的使用权，即以法律的形式规定了缔约方国家可使用温室气体排放容量大小的权利和减排义务，从而实现大气容量资源产权的初始配置。如规定在 2008—2012 年以1990 年为基准，欧盟整体需削减 8%，日本、加拿大需削减 6%，澳大利亚可增加排放 8%，冰岛可增加排放 10%，俄罗斯保持不变。在《公约》和《京都议定书》的法律约束下，附件一的缔约方国家温室气体排放空间容量资源开始呈现稀缺性特点。在签署《京都议定书》后，这些国家由此都有了温室气体排放量的约束和减排压力。

（2）排放贸易机制

《京都议定书》下的三种交易机制是：基于配额为基础的国际排放贸易机制（International Emission Trading，IET）和基于项目为基础的联合履行机制（Joint Implementation，JI）与清洁发展机制（Clean Development Mechanism，CDM）。

《京都议定书》规定附件一缔约方国家各自的 AAUs 后，考虑到各国的边际减排成本存在差异，就温室气体减排途径提出了基于配额交易为基础的 IET，即《京都议定书》附件一缔约方发达国家所分配到的 AAUs 可以在这些发达国家之间进行买卖流转。

为进一步帮助发达国家以低成本的有效方式实现所规定的减排目标，考虑到这些发达国家温室气体边际减排成本较高而经济转型国家和发展中国家的减排成本更低，为帮助发达国家高效低成本地实现排放控制目标，《京都议定书》又提出了另外两个减排交易机制——JI 和 CDM 。JI 和 CDM 这两个交易机制的交易标的不是 AAUs，而是以项目为基础产生的减排单位（ERUs 和 CERs）。JI 项目在《联合国气候变化框架公约》附件一国家（包含发达国家和经济转型国家）之间进行，通过项目产生的排放减少单位（ERUs）进行交易和转让，以用于超额排放国家实现履约减排义务。CDM 项目则在附件一国家（发达国家）与非附件一国家（发展中国家）之间展开。通过对碳减排项目的合作与开发取得相应的减排额，这个减排额被第三方核证后，可成为核证减排量（CERs）以用于《公约》附件一国家超额排放的许可部分。通过这三种境外减排交易机制，发达国家可以以较低成本实现减排目标，缓解国内减排压力。

排放交易机制的建立激发了发达国家碳排放权交易的需求，因此《京都议定书》通过三种灵活机制催生出一个以 CO_2 排放权为主的交易市场。

10.1.1.3　其他文件

随后又陆续形成了《马拉喀什协议文件》（2001 年）、《德里宣言》（2002 年）、"控制气候变化的蒙特利尔路线图"（2005 年）、"巴厘岛路线图"（2007 年）、《巴黎协定》（2015 年）等协议文件，在此基础上全球范围内建立了多个碳交易市场。

10.1.2　碳交易的理论基础

10.1.2.1　外部性理论

外部性是指经济当事人的生产和消费行为对其他经济当事人的生产和消费行为施加的有益或者有害影响的效应。正外部性是指某个经济行为个体的活动使他人或社会受益，而受益者无须花费代价；负外部性是指某个经济行为个体的活动使他人或社会受损，而造成负外部性的人却没有为此承担成本。在人类的生产和生活中，由于化石燃料的使用和土地利用方式的改变，向大气中排放了 CO_2。当 CO_2 在大气中的浓度不断上升，超过了地球的吸收能力后，温室效应的平衡便被打破，气候变暖现象随即出现。这一过程是一种典型的负外部性效应，应受到人们的重视并开展积极应对。

10.1.2.2　公共物品理论

平衡的大气环境（低于大气环境对 CO_2 排放的最高容量）以及人类为控制 CO_2 排放而采取的应对行动（如使用替代能源、改变生活方式、植树造林等）具有经济学中的"公共物品"属性，前者会被人们滥用，造成"公地悲剧"；而后者则会使人们产生不劳而获的动机，出现"搭便车"的行为。CO_2 的排放行为破坏的是全球大气资源，大气层是全球最大的公共资源，大气因为其流动性，没有明确的产权主体，所以全球变暖是大气层陷入"公地悲剧"的结果。

10.1.2.3　稀缺性理论

随着控制碳排放成为应对全球气候变暖的重要手段，各国政府纷纷设定了各自的碳排放降低目标，使碳排放权形成了有限供给。有限供给造就了稀缺，由此产生了对碳排放权的需求和相应的价格，从而可以形成碳排放权交易市场。

10.1.2.4　劳动价值理论

根据马克思主义政治经济学理论，价值是无差别的一般人类劳动的凝结，商品是使用价值和价值的统一。过去大气环境容量资源因其公共产品属性导致产权不明、权责不明，作为公共产品，碳排放空间一般只具有使用价值而不具有价值，因此碳排放空间在通常情况下不是商品。如果能够通过劳动对碳排放空间赋予价值，碳排放空间在某些特定条件下便可成为商品而被交易。

10.1.2.5　产权理论与科斯定理

根据科斯定理，如果能够清晰界定主体占有碳排放空间这种资源的权利并可交易，市场便可对这种权利的价值和分配作出判断和配置，碳排放的外部性问题就能够得到解决。此外，科斯第二定理指出，在交易费用不为零的情况下，不同的权利配置将会带来不同的资源配置结果，从而产生不同的效益。对于碳交易，交易费用的存在可能影响碳交易的政策效果。

10.1.3　碳交易的内涵与实质

碳交易（也称碳排放权交易）是政府为完成控排目标而采用的一种政策手段，指在一定空间和时间内，将该控排目标转化为碳排放配额并分配给下级政府和企业，通过允许政府和企业交易其排放配额，最终以相对较低的成本实现控排目标。

碳排放配额（也称碳排放权、碳排放指标）是下级政府从上级政府获得的一定时期内的碳排放量限额指标。由于全球碳排放容量空间是有限的公共物品，政府作为公共事务的管理者，有必要对其进行管理，通过控制下级政府和企业的碳排放，使该政府管辖区域范围内的碳排放总量不超过容量限值。因此，政府分配碳排放权实际上是为下级政府和企业规定了对碳排放容量空间的使用权，它是一种财产性权利，包括了下级政府和企业对碳排放容量空间的占用权、使用权和收益权。由于政府也负有控制碳排放的责任，故为降低实现目标的总体成本，在一定条件下政府也可以参与碳交易。

碳交易的政策目标是通过一系列的制度安排，实现个体激励和整体利益取向一致，在既定的碳排放空间约束下，个体寻求利益最大化的同时推动整体利益最大化，从而实现全社会对日益稀缺的碳排放空间的合理利用。对某一层次的主体而言，通过开展碳交易，可以低成本实现控排目标，即在既定控排目标约束下实现更大的经济效益。一方面，由政府作为公共利益代表强制性把碳排放权（即控排目标）分解到各层主体，把碳排放空间这种"公共品"的使用权向各个层面的主体实行"私有化"，赋予碳排放空间这种生产要素经济价值，调动各方主体有效合理利用碳排放空间的内在积极性；另一方面，允许在一定规则下交易碳排放权，通过市场优化配置资源来推动既定数量的碳排放权，以产生最大的经济效益。

10.1.4 碳交易市场类别

10.1.4.1 强制交易市场

强制交易市场体系是指由国家或地区法律明确规定温室气体排放总量，并据此确定纳入减排规划中各企业的具体排放量。碳交易体系作为重要的政策工具，经过多年的发展和完善，其有效性和抗冲击性已被实践证实，其中的欧洲碳排放权交易体系和美国的区域温室气体倡议（Regional Greenhouse Gas Initiative，RGGI）就是典型的强制交易市场。欧洲碳排放权交易体系是迄今为止成熟度最高的碳市场。美国的区域温室气体倡议（RGGI）于 2009 年正式生效，是美国第一个强制交易市场，是全球首个完全以拍卖方式进行分配的排放权交易体系，一级市场主要以季度拍卖为主，二级市场主要进行碳配额及其金融衍生品的交易。RGGI 只针对单一的电力行业。

10.1.4.2 自愿交易市场

自愿交易市场体系是指企业通过内部协议，相互约定温室气体排放量，并通过碳交易调节余缺。非政府组织、私募投资者以及国际环保型公司等非碳市场管制企业作为自愿市场的主要需求方，会基于社会责任、市场营销、品牌声誉等方面的选择，积极地参加自愿市场。自愿市场不依赖法律法规，具有交易机制灵活、项目开发周期短、成本低等优点，尤其碳汇作为国际认可的"基于自然的解决方案"，是自愿交易市场最受欢迎的抵消产品。

10.1.5 碳交易市场组成

10.1.5.1 交易主体

碳交易市场主体主要包括政府和企业两类。其中，政府按照是否承担碳减排责任分为责任政府和非责任政府；企业按照是否承受履约目标分为履约企业和非履约企业。履约企业是承担履约目标的重点排放企业，非履约企业包括其他排放企业、金融中介机构、交易机构、第三方核证机构以及个体投机者等。

10.1.5.2　交易客体

碳交易市场客体，即碳交易的交易标的，一般包括碳排放权（也称碳排放配额）、碳减排信用、相关期货期权等。

碳排放权是下级政府和企业从上级政府获得的一段时期内的碳排放量指标。

碳减排信用是碳交易的另一种交易标的，是指没有履约责任的企业额外开展减排项目后，比项目运行基准情景降低的碳排放量，它同样是一种对碳排放容量空间的使用权。企业出售碳减排信用须得到政府批准、签发碳减排信用，政府的碳排放权数量将进行等量扣减。

碳排放权期货是碳排放权在金融衍生市场的一种表现形式，是指现在进行买卖，但在将来进行交收或交割的碳排放权。碳排放权期权是在碳排放权期货基础上产生的另外一种金融衍生品，是一种未来可买卖碳排放权的权利。

碳减排信用期货和碳减排信用期权则是碳减排信用在金融衍生品市场的另外两种表现形式。

10.1.6　碳交易机制体系内容

10.1.6.1　碳交易体系覆盖范围

碳交易体系的覆盖范围包括碳交易体系的纳入行业、纳入气体、纳入标准、纳入门槛和监管主体等。通常覆盖的参与主体和排放源越多，碳交易体系的减排潜力越大，减排成本的差异性越明显，碳交易体系的整体减排成本也越低。碳交易体系并不是覆盖范围越大越好，因为覆盖范围越大，对排放的监测、报告与核查的要求越高，管理成本也越高，同时也加大了碳交易的监管难度。

纳入行业、纳入气体、纳入标准共同决定了碳交易体系的覆盖范围。出于降低交易成本和管理成本的考虑，碳交易体系优先纳入排放量和排放强度较大、减排潜力较大、较易核算的行业和企业。因此，电力、钢铁、石化等排放密集型的工业行业是优先考虑对象。纳入的温室气体类型最常见的是 CO_2，其次是《京都议定书》第一承诺期规定管制的其他五种温室气体——甲烷、氧化亚氮、全氟碳化物、六氟化硫和氢氟碳化物。部分碳交易体系（美国加利福尼亚州碳市场和加拿大魁北克省碳市场）还考虑《京都议定书》第二承诺期新增的三氟化氮。纳入标准需要考虑以下几个问题：一是标准的类型，既可以是排放量，也可以是其他参数，如能耗水平装机容量等；二是标准的数值，即多大排放量以上的排放源或多大规模以上的排放源才被纳入；三是标准的对象，即该标准针对的是排放设施还是排放企业。

10.1.6.2　碳交易总量控制与分配机制

总量设定和配额分配是构建碳排放制度的前提和关键环节，其主要目的是确定相关主体碳排放权的数量额度，从另外一个角度看是明确相关主体的履约责任目标。

履约主体：即获得碳排放权的主体，可分为政府和企业两大类。政府根据减排任务设定碳排放总量控制目标，不同行业的企业由政府部门根据行业技术水平（碳排放基准线方法）和企业产品产量确定其碳排放配额。目前一些国家和地区（如欧盟）已经开始按照排放设备为拥有设备的企业分配碳排放权配额。

履约责任目标：即分配的碳排放权配额。政府获得的碳排放权配额对应于减排任务设定的碳排放总量控制目标；企业获得的碳排放权配额是根据行业技术水平和企业产品产量确定的排放权数量。

配额分配流程：上级政府根据整体的减排任务目标设定下级政府的总量配额目标，并分配给下级政府，最终由上级政府考核评价下级政府是否履约。本级政府部门以上级政府分配的总量配额为基础，根据本级政府管辖区域的产业布局、企业特点以及未来的发展预测，选择重点行业企业，为这些行业企业设定排放总量配额目标，并进一步分配给下属相关企业，最终由政府部门考核评价企业是否履约；对其余配额的使用和管理，本级政府承担具体责任。

碳排放权分配是一种强制性行为，需要由具有约束力的制度来保障，通常采用法律约束手段来执行。例如，《京都议定书》是联合国出台的有法律约束力的制度，对应该承担履约责任的国家提出了强制性控排目标要求；欧盟、澳大利亚、韩国等国家和地区构建碳交易制度的前提都是通过立法明确相关成员国和企业应该承担的减排责任和义务。

10.1.6.3　碳交易履约与抵消机制

（1）履约机制

碳市场履约机制是碳市场交易的重要动力源，可以说，没有履约机制带来的压力，就不会有碳交易的发生。完善、严格的履约制度是碳市场的制度保障。正是因为存在履约压力，控排企业才有减排的动力，继而产生碳配额的需求和供给，形成碳市场。

碳市场履约机制是碳交易管理部门检查控排企业是否完成排放管理目标而制订的一系列规则集合。广义的履约机制包括对控排企业碳排放量的监测、报告与核查，碳排放量的注销、储存与借贷、奖励与惩罚制度。狭义的履约机制仅指碳排放量核销流程，指控排企业在规定时间内通过某种方式存入足额的履约产品（碳配额及一定比例的核证减排量），以完成碳排放约束目标的行为规范集合，包括履约主体、履约周期和履约产品。履约标志着碳市场上一个管理周期运行的结束。

（2）抵消机制

碳市场抵消机制是指允许碳市场履约主体使用一定比例的经相关机构审定的减排量来抵消其部分碳减排履约义务的规定，是一种更灵活的履约机制。最早源于《京都议定书》下的清洁发展机制（CDM），主要功能是降低控排企业的履约成本，与配额交易互为补充。基于减排成本最小化的原则，CDM 鼓励《京都议定书》附件一中有减排承诺的发达国家与发展中国家以项目合作形式联合开展温室气体减排，项目产生的减排量经过 CDM 执行委员会核准后，成为可在国际碳市场上交易的产品——核证减排量（CER）。由于 CER 的供给来自控排企业外的自愿减排主体，这些自愿减排主体没有履约义务，减排成本较低，CER 的价格普遍低于碳配额价格。控排企业可以用 CER 履约抵消碳排放量，同时 CER 的供给方通过交易获得减排收益。因此，CDM 实质是国际碳市场的抵消机制。用核证减排量抵消企业实际碳排放的机制是国际碳交易市场上的通用做法。

10.1.6.4　碳交易价格调控机制

以供求机制为基础，在没有非市场因素的干扰下，无论碳市场的需求和供给如何变动，碳市场总会自发调节并最终实现供求相等的均衡。在现实生活中，政府有时会对碳市场进行干预与调控，如果碳交易市场价格过高或过低，政府会通过制定一个合理价格来达到预期的经济目标。政策手段包括最低限价、最高限价、低价拍卖与价格区间。

最低限价：最低价格也称支持价格，是政府为了扶持碳市场的有效运行而规定的高于市场均衡价格的价格，以防止碳市场交易价格低于某个特定的价格水平，从而导致市场崩溃。政府采用收购过剩的碳排放权、增加储备等措施来消化过剩的供给。

最高限价：最高价格也称限制价格，是政府规定的低于碳市场均衡价格的价格。在限制价格下，政府必须采取计划配给来供应碳排放权，否则会出现购买者排队购买甚至抢购或黑市交易的现象。

底价拍卖：政府可以直接指定一个最高价格和最低价格，减排主体可以直接从政府那里以最高价格或者最低价格购买配额。拍卖底价是政府建立市场预期的辅助工具，是在市场供求关系尚未建立时的一种过渡手段。长期来看，随着碳市场的成熟、供求关系的确定，底价政策会逐渐放松或退出。

价格区间：政府可能对碳价格有一个心理预期，可以通过对配额储备进行调节，从而维持预期价格。当市场上的配额过多时，可以进行回收，以避免碳价大幅下跌；当配额紧缺时，可以放出，以避免碳价过快上升甚至有价无市，给企业造成压力。

10.1.7　碳交易作用

10.1.7.1　碳交易机制促进国家或区域低碳化发展

低碳经济是未来全球经济社会与人类生活形态演进的必然趋势。从市场内部视角看，碳交易机制促进低碳化发展的影响因素主要集中在市场制度设计、市场活跃程度、市场发育程度、政府支持等几个方面。从市场外部视角看，碳交易机制辖区的能源结构、经济发展水平以及能耗强度等多方面因素均显著影响温室气体排放量，进而影响碳交易体系的减排效果。因此，碳交易的制度框架和设计思路应着重强调两点：一是准确把握碳排放的总量设定和额度分配方法，确保碳排放权资源的稀缺性；二是驱动经济与减排有效性的协同发展，激励企业运用低碳节能技术推进产业低碳技术转型。

10.1.7.2　碳交易机制对微观企业行为的影响

与传统创新相比，绿色低碳技术创新更加强调环境政策，特别是市场型环境政策的重要作用。碳交易市场的灵活性赋予了企业减排方式的多样性，企业可通过使用替代能源、提高生产效率及加大绿色技术创新等方式实现减排目标。其中，绿色低碳技术创新不仅通过改善生产过程工艺、提高资源使用效率等途径，从源头降低碳排放总量、节约资源成本，技术创新实现的配额剩余还可以在碳交易市场进行出售以获取盈利。特别是当企业预期碳交易市场将长期持续运行，企业将更有动力进行绿色低碳创新，以便更具成本效益地实现减排目标，以获得长期市场竞争优势。

10.2　碳汇交易背景、实质和运行机制

10.2.1　碳汇交易的产生与背景

《京都议定书》确定了三种机制：联合履约、排放贸易和清洁发展机制（CDM）。其中，CDM 是发达国家和发展中国家开展的项目级合作，为发达国家和发展中国家实现碳汇交易奠定了基础。2001 年，《波恩政治协议》《马拉喀什协定》同意将造林（50 年以上）和再造林（1990 年以后）等碳汇项目作为第一承诺期合格的 CDM 项目，这等于在全世界范围内承认生态资源碳汇功能的有形化、产权化和市场化，生态可以通过交易获取回报的时代已经到来。

10.2.2　碳汇交易的实质与内涵

碳汇交易是基于《联合国气候变化框架公约》及《京都议定书》对各国分配 CO_2 排放指标的规定，创设出来的一种虚拟交易。即发达国家通过技术革新降低碳排放量但无法达到联合国要求时，可以采用在发展中国家投资碳汇项目或直接购买碳汇的方式，完成发达国家的减碳目标，这就形成了碳汇交易。碳汇市场是碳交易市场的重要组成部分，积极推进碳汇市场建设具有多方面的重要意义。

根据《联合国气候变化框架公约》规定，能够交易的碳汇应是按照被批准的方法学开发碳汇项目所产生的净碳汇量，即项目减排量，等于项目碳汇量减去基线碳汇量和泄漏量。碳汇项目要满足"额外性"要求，额外性是指碳汇项目活动所带来的减排量相对于基准线是额外的，即这种减排量在没有拟议碳汇项目活动时不会产生。例如，现在已有的森林按原有模式经营，其生长吸收固定的 CO_2 虽然是增量，但在专业上被称为基线碳汇量，其没有额外性，不能交易。此外，现有生态的碳储量属于存量，也不能交易。当然，不能交易的碳储量和没有额外性的碳汇量对减缓气候变化具有重要作用。额外性必须根据方法学规定的程序和步骤进行论证，并获得第三方审定机构的核实。碳汇项目方法学是指用于确定项目的基准线、论证额外性、计算减排量、制定监测计划等的方法指南。

10.2.3　碳汇交易运行机制

10.2.3.1　需求机制

市场产生的基本前提是供求关系的存在。碳汇市场的发展离不开人们对碳汇的需求，碳汇的需求者包括两类：第一类是"参与自愿购碳，选择低碳生活或生产、实现社会责任"的个人、团体及企业，他们出于自身的社会责任感或其他因素，选择自愿购买碳汇；第二类是由于碳排放限额等的实施，不得不通过使用碳排放权许可方可排放污染物，或其排放量超过排放限额而不得不通过参与碳交易市场获得限额的企业等。这些企业通常可以选择购买其他企业的排碳额、自身减排或者购买碳汇等三种方式参与碳交易市场。实践中，发达国家有减排任务的实体企业、世界银行、部分投资公司、一些私人保护组织以及一般公众都会成为碳汇的主要购买者，并且他们主要通过对发展中国家碳汇项目投资、植树造林等来获得碳汇信用额。

10.2.3.2　供给机制

从经济学角度讲，碳汇的供给者都是"理性人"，即以追求利润最大化为目的。以林业为例，在《京都议定书》以及各国相关政策的鼓励和推动下，可能诱使森林资源的所有者或经营者，主要包括森林经营农户、国有及集体林场、其他拥有或经营森林资源的个人、企业等，选择增加碳汇服务的供给。由于这些经营主体都是"理性人"，只有碳汇的投资回报率大于其他投资回报率时，他们才会提供碳汇这种商品。在林业碳汇市场上，影响碳汇供给的因素主要有森林资源禀赋、造林成本、林产品价格和采伐成本、土地价格及相关政府政策等，其中，降低碳汇成本、提高碳汇价格使其具有比较优势是影响碳汇供给的重要因素。

10.2.3.3　价格机制

根据马克思的价值规律学说理论，商品价格决定于商品价值，同时在供求机制下调节商品数量，所以价格机制包括价格形成机制和价格调节机制。在价格形成机制方面，目前的研究总结出多种碳汇市场交易定价方法，大致分为直接计算法和间接计算法两类。每种方法都有假设前提和使用基础，在具体实践过程中需综合考虑，遴选出最佳方案，完善定价机制。在价格调节机制方面，通常考察碳汇服务特征、土地利用的机会成本等因素，辅助价格形成机制完成交易定价。

10.2.3.4　融资机制

碳汇市场的健康发展需要有针对供给方的有效融资机制作保障。碳汇市场融资机制的建立可以通过拓展贷款模式以及设立碳汇发展基金等方式逐步开展。如对相应的碳汇项目制定相符合的信贷政策和信贷模式：贷款利率更加优惠，加大财政贴息力度；贷款期限延长，还款方式更加灵活，匹配项目周期；贷款方式更加丰富，推动碳汇收益权质押，将补贴政策与信贷结合等。碳汇发展基金的设立，首先要建立完善的评估机制以有效筛选基金扶持对象，其次要引导社会资金进入碳汇项目。在设立初期，市场机制尚不成熟，需要财政资金投入，初始投资可由中央专项资金和地方财政资金构成；随着碳汇项目市场机制的不断成熟，社会资金也会逐渐进入，从而形成资金的良性循环。

10.2.3.5　风险保障机制

碳汇市场的风险主要来源于自然风险、市场风险、政策风险、价格风险、资金风险等。上述风险的存在会对碳汇的供给者造成利益损失，从而影响碳汇交易供给，因此要采取有效的风险防范措施来降低碳汇市场风险，建立健全碳汇市场的风险保障机制。一要提高风险防范意识，碳汇供给者必须学习先进的管理技术，降低由病虫害等引发的风险；二要发展碳汇保险市场，开设自然灾害保险、病虫灾害保险、政治及政策损失保险等降低风险；三要规范碳汇交易市场，建立和完善碳汇交易相关的法律法规，让碳汇交易市场制度和规则清晰化、标准化，减少碳汇交易市场的不确定性，提高碳汇交易商品的流动性，以最大限度节约交易成本、降低风险损失。

第11章 全球碳市场

目前，全球碳市场正在稳步发展当中，相关国际公约及区域政策不断推动碳市场中碳定价工具不断丰富，市场机制不断完善，本章主要介绍主要国家和地区的碳市场运行情况以及碳市场的发展趋势。

11.1 全球碳市场发展现状及展望

11.1.1 全球碳市场发展现状

据国际碳行动伙伴组织统计，现阶段全球将近 1/3 的人口生活在有碳市场的地区，同时碳市场覆盖了全球 17% 的温室气体排放。截至 2022 年 1 月，全球共有 25 个碳市场在运行中，正在运行碳市场的司法管辖区占全球 GDP 的 55%；有 22 个碳市场正在建设和考虑中，主要分布在美洲地区和东南亚地区。

欧盟碳交易体系（EU ETS）于 2005 年建立，是欧盟完成《京都议定书》减排目标的主要政策驱动工具，与国际碳市场接轨，与议定书中的三种灵活机制相兼容，接纳京都减排单位。西部气候倡议（WCI）成立于 2007 年，旨在北美地区通过制定和实施以市场为基础的碳排放权交易来减少温室气体排放，以应对气候变化。WCI 由美国西部 5 个州、加拿大 4 个省及墨西哥部分州在内的企业联合发起，碳排放配额可以在二级市场上自由交易。新西兰碳交易市场于 2008 年正式运行，主要目标是形成低成本的温室气体减排机制，促进清洁能源投资，其碳市场允许企业无限制使用京都减排单位。韩国国会于 2012 年通过了引入碳交易机制的法律，于 2015 年正式启动，成立初期覆盖境内 300 多家来自电力、钢铁、石化等行业的高排放大型企业。澳大利亚 2015 年 7 月开始正式建立碳市场，并与欧盟达成协议，2015 年 7 月 1 日开始对接双方的碳排放交易体系，2018 年 7 月 1 日后完全对接。中国于 2011 年对碳排放交易权进行了试点工作，国家发改委于 2011 年 11 月下发《关于开展碳排放权交易试点工作的通知》，通知中批准在北京、天津、上海、重庆、湖北、广东、深圳开展碳排放权交易试点工作。2016 年 12 月，福建省启动碳交易市场，成为国内第 8 个开展碳排放交易权试点工作的省份。2021 年 7 月，全国碳排放权交易市场正式启动上线交易。

从碳市场的碳价来看，2021 年全球价格呈现上涨趋势。例如美国加利福尼亚州和加拿大魁北克省的连接碳市场的配额价格由 18 美元涨至 28 美元，韩国碳价由 21 美元涨至 30 美元，新西兰碳价由 27 美元涨至 46 美元。欧盟地区的碳价创下历史新高，突破 100 美元。

碳市场的运行在不同的政府层级存在复杂性和多样性。截至 2021 年年底，共 1 个超国家机构（欧盟成员国 + 冰岛 + 列支敦士登 + 挪威）、8 个国家（中国、德国、哈萨克斯坦、墨西哥、新西兰、韩国、瑞士、英国）、19 个省 / 州 / 县（福建省、广东省、湖北省、新斯科舍省、魁北克省、加利福尼亚州、康涅狄格州、特拉华州、缅因州、马里兰州、马萨诸塞州、新罕布什尔州、新泽西州、纽约州、俄勒冈州、罗得岛州、佛蒙特州、弗吉尼亚州、埼玉县）、6 个城市（北京、天津、上海、重庆、深圳、东京）中存在碳市场。

从超国家机构层面看，其中欧盟地区于 2021 年发布"减碳 55%"系列计划，通过对欧盟碳市场进行全面改革以达到新的欧盟 2030 年气候目标。其中，改革措施包括调整市场稳定储备机制，设定了更严格的基准、调整排放上限，建立碳边境调整机制等。

从各个国家碳市场 2021 年表现来看，各国随着碳市场运行情况不断及时调整法规及政策。中国于 2021 年启动全国碳市场，同时这也是现阶段全球规模最大的碳市场，国内碳市场与 2021 年 7 月启动了配额交易，2021 年年底，2019—2020 年首个履约周期圆满完成，同时我国 8 个试点地区碳市场进一步完善了配额分配、抵消机制、交易及监测报告核查等细则。新西兰碳市场于 2021 年启动了拍卖机制，设定了配额单位供应的上限。德国在 2021 年启动全国碳市场，碳市场覆盖了运输和建筑行业上游的燃料，与欧盟碳市场形成互补，控制排放企业开始监测其自身的碳排放，在碳市场登记系统中开立了履约账户，并从交易所及合法的中介机构中购买了第一批碳排放配额。芬兰 2021 年筹划了覆盖道路运输业的全国碳市场。瑞士 2021 年进入碳市场第三个交易期，更新了分配基准，与欧盟碳市场看齐，并引入市场稳定机制。英国碳市场的配额价格持续走高导致触发成本控制机制，政府坚持不采用市场重新分配或释放额外配额供应调控市场。

11.1.2　全球碳市场发展展望

随着人们对气候变化的认识不断深入以及国际组织、各国推动碳市场交易不断活跃，长期来看，国际碳市场将处于向上的发展趋势。同时，各国逐渐扩大碳市场覆盖的行业范围，并推出碳金融产品用于碳减排等活动融资。各方合作逐渐取得新进展，2021年《联合国气候变化框架公约》第二十七次缔约方大会顺利召开并通过数十项决议，建立损失与损害基金用于补偿气候脆弱国家因气候变化遭受的损害。

碳定价工具将进一步丰富，从而促进碳市场资金活跃。据世界银行统计，截至 2022 年 4 月，国际上共有 68 种碳定价工具投入运行，另外 3 种正在推行，包括了 37 种碳价及 34 种碳排放交易体系，覆盖全球 23% 的温室气体排放。

碳信用市场将进一步增长，市场机制进一步完善和丰富。2016 年起独立碳信用机制新核发量迅速增长，据世界银行统计，2021 年独立碳信用机制下核发的碳信用增长 88%，占全球碳信用的 74%，供给 3.52 亿吨 CO_2。

生态碳汇减排促进碳市场发展。相比减排成本，生态碳汇成本较低，生态碳汇将在长期阶段内满足减排企业的碳抵消需求，生态碳汇市场的发展有助于促进人类社会进一步践行可持续理念，在众多企业净零承诺与 ESG 等绿色投资理念的倡导下，生态碳汇市场具有强劲的增长潜力。

11.2　主要国家和地区碳市场介绍

11.2.1　欧盟碳市场

欧盟碳交易体系于 2005 年正式运行，是国际范围内覆盖最多国家的温室气体排放交易体系，在促进减排和应对气候变化方面发挥了重要作用。

EU ETS 是一个依据欧盟法令，即 EU ETS 2003/87/EC 号排放指令及 EU ETS 2009/29/EC 号排放指令修订和国家立法建立的碳排放交易机制。2001 年 10 月，欧盟委员会发布了《排放交易指令》草案。2003 年 7 月 22 日，议会与理事会达成一致，最终通过了理事会的建议草案，并于 2003 年 10 月 13 日正式公布。2003/87/EC 号指令设计了欧盟排放交易体系，旨在限制工业温室气体排放，并创建世界上第一个国际排放交易市场。EU ETS 指令规定了排放权交易的实施流程、必须参与排放权交易的项目活动和温室气体、国家分配计划（NAP）的原则、排放交易权分配程序以及排放权分配准则。欧盟排放交易制度和《京都议定书》可以通过关联指令和 JI 与 CDM 联系起来。该协会指令于 2004 年 11 月 14 日生效。2009/29/EC 号指令于 2008 年 12 月 17 日通过，对 2003/87/EC 号指令在增加 2020 年减排目标、逐步建立起拍卖制度从而替代原有的碳排放权 NAP、扩大必须参与碳排放权交易项目的活动范围、更灵活地使用 CDM 和 JI 减排信用方面作出了修订。

欧盟排放交易制度最大特点之一是在所涵盖的成员国排放交易体系中拥有高度决策权，在这种分权的治理模式下，欧盟可以在整体上实现减排计划的同时兼顾各个成员国之间的差异，有效地平衡了各个成员国和欧盟的利益。

欧盟碳市场中的总排放量是由各成员国确定各自的碳排放量，进而将碳排放量汇总后得出总量。在各国内部排放权分配方面，各成员国也拥有相对自主权，即成员国在遵循欧盟统一的指令政策下，可根据本国具体国情自主决定排放权在国内产业间的分配比例。此外，各国需对本国排放权的交易、实施流程的监督和实际排放量的确认负责。欧盟各成员国所制定的排放量、排放权的分配方案需经欧盟委员会根据相关指令审核许可后生效。此外，碳排放权的分配及其在成员国之间的转移、排放量的确认都必须在欧盟的中央登记系统登记。

在排放配额的分配方式上，国家分配计划包括四个步骤：确定所有必须参与排放权交易的企业名单；确定将排放许可总量分配给所有参与排放权交易的部门；确定各产业部门所分配到的排放许可，分配过程必须透明且按照其最近的实际排放情况确定；确定各企业所分配到的排放许可。

欧盟碳交易市场目前主要有三种配置方法：基于历史数据的配置方法、行业基准配置方法和拍卖配置方法，前两个用于免费分配。与免费分配相比，拍卖的优势在于不需要历史排放数据，而且在免费分配过程中避免了政治干预，更加公平透明。拍卖增加了企业的绩效成本，一些面临外部竞争的企业的市场竞争力会受到影响。

11.2.2　美洲碳市场

11.2.2.1　美国加州碳市场

2006 年，《2006 年加州全球变暖应对法案》通过，标志着加州以立法的形式确定了减排目标，即到 2020 年将温室气体排放量降低到 1990 年的水平，到 2050 年将温室气体排放量降低到 1990 年水平的 80%。

制定和实施气候变化总体规划由加州空气资源局负责。气候变化总体规划包含 18 项具体减排措施，其中"总量与配额碳交易制度"是核心，其他措施还包括可再生能源组合标准、低碳燃料标准等。加州气候政策的特点是，不仅针对碳交易计划（ETS）所涵盖的部门进行总量控制，还针对交通（汽车排放、效率、燃料标准、高铁、货运区域）、工业、能源及住宅（能效、新能源组合标准、太阳能屋顶）制定了相应的减排措施。利用市场和行政多种政策手段共同控制温室气体排放，而且对非 ETS 部门的排放也出台了专门政策。加州碳交易机制分为三个实施阶段：第一阶段为期两年，即 2013—2014 年；第二和第三阶段均为期三年，分别为 2015—2017 年和 2018—2020 年。

在遵约机制上，加州的排放配额可以无限额存储并且配额永远不会过期，只要企业持有的配额数量不超过账户持有上限即可。持有上限是指企业当年遵约的配额持有限额，包括当前和以前年份的配额、从配额价格控制储备购买的任何年份的配额，以及以前通过预先拍卖购买的已成为当前或以前年份的配额。普通持有账户和交易结算账户的配额均受此限制，根据计算得出 2013—2020 年的账户上限。加州碳交易没有设置灵活的借贷机制，一般情况下，企业必须使用当年或往年的配额来完成遵约。但其中存在两个例外：一是企业没有完成本年要求受到 4 倍惩罚时，可以使用未来的配额来"缴清罚款"；二是使用从配额价格控制储备所购买的配额。此外，加州每年只要求企业完成上一年度 30% 的遵约要求，即在每年 11 月 1 日前提交相当于上一年度排放的 30% 等量的配额。剩余配额可统一在下个实施阶段第一年度的校核日前统一提交，这意味着企业在一定程度上拥有预借同一实施阶段内未来年度排放配额的灵活度。

加州将配额和抵消信用合称为遵约工具。遵约工具包括 CARB 签发的排放配额和抵消信用以及早期行动抵消信用和基于行业的抵消信用，此外还包括与其链接的交易体系的遵约工具。一单位的合规工具等于 1 吨 CO_2。加州法律规定，遵约工具既不构成财产，也不构成产权。

遵约分为年度遵约和遵约期遵约两种，以碳交易实施的一个完整阶段为计量单位确定遵约期。对于年度遵约，企业只需在下一年的 11 月 1 日前上缴相当于其上一年排放量 30% 的配额或抵消信用；在 2015 年、2018 年、2021 年（下一实施阶段首年）的 11 月 1 日前，企业不要求履行上一年度年度遵约义务，但应缴纳上一遵约期的所有未清偿配额或抵消信用，以完成遵约期义务。同时遵约规定设有惩罚机制，若企业违约则受到惩罚。

在抵消机制上，加州的碳交易抵消机制包括两类：碳封存和碳减排。加州不接受《京都议定书》的抵消信用。只有根据加州空气资源局批准的抵消协议开发的项目所产生的抵消信用才可用于遵约。目前已有四类气候行动储备计划下的抵消协议获得批准，分别为林业、城市林业、消耗臭氧层物质和家畜粪肥。

11.2.2.2　加拿大魁北克碳市场

加拿大政府出台了《2013—2020 年气候变化方案》和《2013—2020 年气候变化适应战略》，以减少温室气体排放，提高适应气候变化影响的能力。为了实现政府设定的 2020 年减排目标，魁北克在 2013 年开始启动其碳交易体系，2011 年 7 月首次发布了其《限额交易法规》公开征询意见，并于 2011 年 12 月 14 日最终确定。颁布《限额交易法规》是魁北克履行西部气候计划承诺的第一部分；第二部分是将限额交易系统与其他西部气候计划成员（如美国加州）连接。魁北克的温室气体减排目标是 2020 年温室气体排放比 1990 年下降 20%。

在遵约机制上，在第一个履约期限额仅涵盖了工业和电力行业，从 2009 年、2010 年或 2011 年开始年排放量达到或超过 2500 吨 CO_2 的行业设施应参与碳交易。魁北克省政府希望在第一个履约期间覆盖 75% 的设施。从 2015 年开始的第二个履约期限制范围扩大到 2012 年或 2013 年排放超过 2500 吨 CO_2 的能源输送和能源进口行业。最大的排放来源——交通运输排放也将被纳入第二履约期。任一覆盖的行业排放者年度总排放量报告超过 2500 吨 CO_2 后，在下一年应当履约。任何排放者连续 3 年年度排放问题低于 2500 吨的可退出履约。排放者必须在 10 月 1 日履约期结束前履约，并在履约账户中有足够的配额来抵消核证排放量，管理员将从各排放者的履约账户中划走履约配额。

抵消量、早期排放信用和其他排放单位可用于履约。魁北克规定由其他与魁北克有协议的政府认证的减排量也可用于履约，这使得加州的排放限额可以通过两个司法管辖区之间的连接计划在魁北克使用。对配额不足以履行义务的排放者，管理员可以暂停其普通账户，并处以 3 倍于未履约量的处罚。管理员可以自行划转普通账户中的配额。如果普通账户中没有足够的配额，则排放方必须在 30 天内补足。如果排放者在 30 天后还没有上缴足够的配额，管理员将在下次分配时扣除其应得的配额。

在最终的法规中，魁北克可对排放者及其他参与者持有留存供未来使用的配额作出上限要求，以避免一个持有者占有太多市场份额、控制市场。年度持有上限平均约为 160 万吨，持有限额不包括履约账户中用于当前履约期的履约排放单位，抵消量不受持有上限规定限制。当达到一半持有限制时，管理员将要求持有者解释其持有意图。管理员有权阻止任何可能导致排放者或其他参与者持有超过上限的配额转移。持有上限不影响配额存储。在任何一年，上一年度保留的配额都可以用于履约或出售。保留的配额不会到期，但储存量受上述持有上限的规定限制。

11.2.2.3　美洲区域连接碳市场

西部气候倡议（WCI）成立于 2007 年。2008 年 9 月 23 日，WCI 明确提出建立独立的区域碳排放交易体系，并制定了具体的减排目标。该体系涵盖工业、电力、商业、交通和居民燃料使用，在 2005 年的排放基础上，到 2020 年将该地区的温室气体排放减少 15%。在实践中，WCI 建立了区域总量 – 交易机制，在建立的交易平台上允许每个成员通过拍卖或无偿的方式获得配额。2013 年 9

月，美国加州与加拿大魁北克签署《加州空气资源局与魁北克政府关于协调和融合消减温室气体的碳排放交易体系合作协议》，为合作提供总体性框架和指导，并于 2014 年 11 月进行了第一次联合拍卖。加州的碳交易机制是与西部气候倡议同步设计和制定的，参与加州碳交易机制的专家同时参与了西部气候倡议碳交易机制的设计工作，设计的初衷是最终实现加州与西部气候倡议的链接。

11.2.3 亚洲及其他地区碳市场

11.2.3.1 韩国碳市场

2008 年 8 月，韩国为了加强应对能源资源危机和气候变化的能力，解决温室气体减排与经济增长的矛盾，提出了"低碳、绿色"新的发展方向。2010 年 1 月，韩国政府颁布实施《低碳和绿色增长基本法》，其中参考了《能源基本法》《可持续发展基本法》和《应对气候变化对策基本法》。主要目标是到 2020 年将温室气体排放量与趋势相比减少 30%，主要内容包括制定国家绿色增长战略、绿色经济产业、应对气候变化、能源等项目和具体实施方案。第 46 条明确提出引入"总量管制与交易"形式的温室气体排放交易制度，利用市场机制有效实现国家温室气体减排目标，为碳排放权交易的实施提供法律依据。同年韩国政府起草《排放交易计划草案》，分别于 2011 年内阁会议和 2012 年国民大会上通过。出于工业部门的强烈反对，韩国排放交易的计划直至 2015 年才正式实施。韩国环境部是负责碳市场和目标管理体系的主管机构。环境部成立了跨部门协调小组，领导碳市场的设计和实施，包括会计核算报告程序、总量和分配框架以及交易平台。温室气体清单和研究中心是温室气体分析和数据评估的信息中心。环境部下属的韩国环境集团负责碳市场模拟，并提供信息和培训教育。战略和财政部参与总量、免费配额和惩处措施的顶层设计。贸易、工业和能源部协助推进与工业代表关于碳市场设计的讨论，也参与到能源和工业的总量设定和配额分配方案中。

在遵约机制上，企业必须在每个履约年度结束后 3 个月内提交经认证的排放报告，并在 6 个月内提交配额。碳市场允许在不同阶段和年份无限制地储存配额。允许跨年的最多 10%（相对于排放量）的配额预借，但是不允许跨阶段的预借。当企业按照规定的金额上缴排放权时，主管部门将在每吨 CO_2 不超过 10 万韩元的范围内，对不足部分处以相应年度平均市场价格 3 倍以下的罚款。有关部门将对不报告、虚假报告排放数据以及不上缴排放权进行履约的企业处以最高 1000 万韩元的罚款。

在抵消机制上，抵消信用额可用于履行不超过 10% 的履约义务，每个设施具体的指标将根据分配方案决定，但在第一和第二阶段不允许使用国际抵消信用额。从第三阶段起，最多可使用 50% 相当于抵消基准限额的国际抵消信用，且每年提交的国际抵消信用不得超过国内生成的抵消信用。

13.2.3.2　日本东京都碳市场

《东京都基本环境法令（2001 年）》规定"商业活动和公众日常生活应努力保护全球环境"，其中，第 9 条要求东京都政府制定东京都环境总体规划，此举为东京实施碳排放总量控制和碳交易提供了理论和法律依据。2007 年东京都颁布了《东京都气候变化战略——东京低碳十年计划基本方针》，明确了东京都未来十年应对气候变化的基本态度，提出了到 2020 年东京温室气体排放量比 2000 年减少 25% 的总体目标。2008 年东京都修订了《东京都环境安全条例》，积极应对气候变化，并制定了中长期减排目标。长期目标是到 2050 年将温室气体排放量减少到 2020 年的 50%；中期目标是到 2020 年温室气体排放量比 2000 年减少 25%，相当于比 1990 年减少 19%。《东京都环境安全条例》规定了东京碳交易系统的总量控制目标，并界定了碳交易系统的基本框架。根据环境安全条例，东京都政府制定了一系列关于碳排放报告和碳交易的规定，并于 2009 年生效。

在遵约机制上，排放数据每年报告，每 5 年进行一次履约核算。履约责任是超过减排目标的排放量。履约可以通过超额信用、抵消信用和排放企业本身的其他温室气体减排量来实现，但减排量最多只能一半用于履约。不能完成减排量的工厂需要实现 1.3 倍的不足减排量，同时处以最高达 50 万日元的罚款。此外，这些未完成履约的工厂将被公之于众。

在抵消机制上，允许使用 4 种抵消信用：东京地区中小工厂信用、可再生能源信用、东京对外信用、琦玉信用。第一、第二和第四种抵消信用的使用数量没有限制，第三种抵消信用的使用量不能超过基准线排放的 1/3。琦玉信用包括琦玉中小设施信用和超额信用。可再生能源信用包括三类：①光伏及光伏热电、风电、地热、水电（1000 千瓦以下）；②生物质能（生物质比率 95% 以上）；③水电（1000～10000 千瓦），减排量是根据当地电力排放系数（0.382 千克 CO_2/ 千瓦·时）计算的。为鼓励发展小规模可再生能源，第一类可再生能源信用额用于履约时，每吨减排量相当于 1.5 吨的履约单位。在第二类和第三类中，每吨减排量相当于 1 吨的履约单位。东京对外信用来自东京都范围外的减排量，必须来自与东京都相类比的减排量，即能耗超过 1500 千升原油当量的大型设施，且减排量超过东京都的减排标准。

11.2.3.3　新西兰碳市场

新西兰碳市场于 2008 年启动，基于其产业结构，新西兰碳市场是以农业为主、完全覆盖林业部门的碳市场。新西兰碳市场源于 1988 年政府出台的新西兰气候变化方案。2002 年新西兰政府发布应对气候变化工作的一系列计划，主要包括技术创新框架、公众意识计划、商业机会、新西兰交通战略、地方政策、国家能源效率和保护战略、废物处理战略等内容，并于同年通过了《应对气候变化法》。以《应对气候变化法》为主要法律约束，同时配合碳市场相关管理条例为补充，形成了新西兰碳市场运行的法律框架。新西兰于 2002 年签署并成为《联合国气候变化框架公约》缔约方，并积极参与《联合国气候变化框架公约》关于温室气体排放和消除的年度报告下的气候变化行动。

11.2.3.4 澳大利亚碳市场

2012 年 7 月 1 日，澳大利亚碳排放价格机制正式投入运行。碳价格机制是澳大利亚参议院 2011 年 11 月 8 日通过的《清洁能源法案》的核心。这是澳大利亚实现温室气体减排目标的重要政策手段。

澳大利亚的碳价格机制采用从固定碳价阶段（价格控制）过渡到浮动碳价阶段（数量控制）的阶段性实施模式。第一阶段（2012 年 7 月 1 日至 2015 年 6 月 30 日）为固定碳价阶段；第二阶段（2015 年 7 月 1 日起）将自动过渡到浮动碳价机制，总量和分配机制由政府确定，碳价由市场决定。

11.2.3.5 温室气体倡议

"区域温室气体倡议"（RGGI）是美国东北部和大西洋中部地区的 10 个州为减少温室气体排放而发起的一项联合行动，始于 2009 年。这些州包括康涅狄格州、特拉华州、新罕布什尔州、马萨诸塞州、缅因州、纽约州、新泽西州、马里兰州、罗得岛州和佛蒙特州。新泽西州在 2011 年第一阶段结束后退出，剩余只有 9 个州。2010 年，最初的 10 个州的 GDP 总额为 2.818 万亿美元，占全美 19%，人口 4900 万。除新泽西州外，2010 年 9 个州的 GDP 总额为 2.321 万亿美元，占全美 16%，人口 4100 万。

康涅狄格州、特拉华州、缅因州等 7 个州的州长于 2005 年签署谅解备忘录，宣布实施区域温室气体减排计划（RGGI）。马里兰州、马萨诸塞州、罗得岛州于 2007 加入 RGGI，新泽西州于 2012 年 1 月 1 日宣布正式退出 RGGI。

第 12 章　全球碳汇市场

碳汇市场在国际气候谈判中产生并不断发展，林业碳汇在全球应对气候变化中的重要性不断增强，碳汇市场逐步由自愿市场发展到自愿市场与管制市场并行，随着投融资工具的不断丰富和市场机制更加灵活，全球碳汇市场呈现多样化的特点。

12.1　全球碳汇市场发展历程、现状及展望

12.1.1　全球碳汇市场发展历程

联合国粮食及农业组织（FAO）和联合国规划署（UNEP）发布的报告中指出全球土地面积中森林面积为 40.6 亿公顷，占比 31%。森林能够储存将近 6620 亿吨碳，接近于陆地碳库总量的 1/2。林业碳汇及相关融资机制是全球气候变化框架下的重要资金机制之一，在国际气候谈判中产生并逐步发展，可分为三个阶段。每个阶段的聚焦点有所不同，构成了全球林业碳汇和融资政策发展的进程。

12.1.1.1　第一阶段：《联合国气候变化框架公约》对林业碳汇的认可

20 世纪 60 年代学者们已经普遍认可森林能够固碳。全球首个关于气候变化的《联合国气候变化框架公约》于 1992 年通过，该国际公约第一次明确提出林业碳汇能够通过吸收温室气体减缓气候变化的进程。1997 年通过《京都议定书》进一步细化了该国际公约，提出了相关国家能够通过造林或再造林项目的核证减排量来抵消该国在议定书中制定的减排量。在相关机制下，多个国家开始大力推动造林和再造林项目的实施，林业碳汇交易与融资机制由此衍生，为项目的实施提供了法律基础和融资支持。

12.1.1.2　第二阶段：由 RED 转变为 REDD 最后到 REDD+

随着研究的深入，全球开始深刻意识到砍伐林木会导致温室气体排放的问题，因此逐渐涌现出了一系列针对森林保护的机制与计划。其中，减少毁林造成的碳

排放（Reducing Emissions from Deforestation，RED）成为关于林业碳汇方向的热点议题，并逐渐演变为减少毁林和森林退化导致的排放量（Reducing Emissions from Deforestation and Forest Degradation，REDD）和REDD+（在REDD基础上增加了保持和增加林业碳汇）机制。

《联合国气候变化框架公约》第十一次缔约方大会2005年在蒙特利尔举行，大会上成立了"雨林国家联盟"，旨在将经济发展和森林管理相结合，进一步提升森林保护的地位，从而将其提上气候变化的协商议程。2007年在印度尼西亚巴厘岛进行的气候大会上提出了两项决议——《巴厘措施方案》和《减少发展中国家毁林所致排放量：激励行动的方针》。决议把森林保护作为延缓全球气候变暖的一种方式纳入巴厘岛路线图中，并将REDD作为国际相关气候融资机制的一部分。FAO和UNEP等在2008年共同成立了UN-REDD项目，旨在呼吁各国采取措施降低森林砍伐率、保护森林、减缓毁林和森林退化的速度，降低碳排放。

《哥本哈根协议》于2009年12月在哥本哈根气候大会上提出，协议内容不仅强调了实施REDD+项目的必要性，同时提出了提供资金支持给发展中国家发展REDD+的重要机制。此前提出的REED机制只认可减缓毁林和森林退化的作用，但主要针对热带雨林国家，导致只有热带雨林国家才能从此机制中获得收益。REDD+是REDD机制的延伸，涵盖了发展中国家通过降低森林砍伐率、保护森林等森林的可持续发展来增加林业储存碳汇量，以此获得相关减排的金融激励措施。目前，REDD+的影响范围已经扩大到温带林业国家。坎昆气候大会和华沙气候大会分别于2010年和2013年召开，也对REDD+等相关问题进行了谈判。特别是华沙气候大会通过的决议中有7个都与REDD+相关，共同形成了REDD+华沙框架。由此，REDD+开始成为全球林业碳融资机制中不可替代的一部分。

12.1.1.3 第三阶段：林业碳汇成为全球应对气候变化的重要措施

2015年通过的《巴黎协定》不仅是全球应对气候变化的里程碑，同时也标志着林业碳汇融资机制的发展。具体来说，REDD得到了法律界的认可，而协定中的可持续发展机制（Sustainable Development Mechanism，SDM）更是为林业碳汇的发展注入了巨大的推动力。

《巴黎协定》中第55条明确规定REDD机制需要得到资金支持。这些资金的提供应当是充分和可预测的，并且应当包括基于成果支付和对森林养护、可持续森林管理和提高森林碳储量的积极激励。此外，该条款还要求参与各方应当协调公共和私人、双边和多边来源的资助，例如绿色气候基金和其他来源。同时，需要强调的是该机制的非碳效益也十分重要，并且需要采取替代的政策措施实现可持续发展。根据协议的第5条规定，缔约方应当采取财务行动，养护和加强包括森林在内的温室气体的汇和库。第 2 条规定呼吁缔约方通过基于成果支付等方法来实施在《公约》下有关指导和决定中提出的森林保护政策和积极奖励措施，着重强调了保护森林、减缓毁林和森林退化造成的排放活动方面的重要性，同时重申了非碳收益与此类政策方法相关的重要性。第 5 条规定中倡导各缔约方采取行动保护森林、减缓毁林和森林退化的速度，同时还强调了可持续管理森林、增强森林碳储量以及支持综合和可持续森林管理的政策方法。

此外，《巴黎协定》还特别规定了独立的 REDD 机制章节，凸显对 REDD 机制的重视。《巴黎协定》中的市场机制条款为可持续发展机制（SDM），它是对 CDM 机制的拓展，包括基准线、额外性、监测计划、审定核查机构、注册和签发流程等方面。与 CDM 相比，SDM 更强调可持续发展贡献，未来很大程度上会像黄金标准一样实施评估。SDM 的计入期为 5 年更新两次或 10 年不更新，要收取 5% 的 ER 作为适应基金，另收 2% 作为全球应对气候变化的贡献。CDM 项目可在 2023 年 12 月 31 日之前提交申请，并且在 2025 年 12 月 31 日之前批准，SDM 制度建立前，CDM 机制照常运营。过渡期的 CER 能且仅能用于首次国家 NDC，即各国 2030 年的减排目标。

《巴黎协定》对我国处理气候变化问题具有重要作用。作为发展中国家，我国的能源消耗量和碳排放量仍在增长，仅减少工业领域的排放很难实现 2030 年的碳达峰目标。2007 年颁布的《中国应对气候变化国家方案》将植树造林和发展森林资源作为重要措施，将森林固碳的功能提高到国家目标和战略高度。到目前为止，我国已经完成了向国际社会争取到 2020 年比 2005 年森林蓄积增加 13 亿立方米的目标，并向联合国提交了 2030 年森林蓄积量增加 45 亿立方米的自主贡献减排承诺。如果能够利用 SDM 和 REDD 机制获取国际资金，国内森林增加所产生的林业碳汇有望缓解资金短缺的问题，而在 2021 年的格拉斯哥气候大会上，《关于森林和土地利用的格拉斯哥领导人宣言》的签署和发达经济体提供的 120 亿美元资金承诺为我国林业碳汇融资注入了新的动能。

12.1.2　全球碳汇市场发展现状

2015 年之前，自愿减排市场是主要市场。随着全球气候行动的推进、碳定价机制的加速以及管制减排市场的崭露头角，林业碳汇融资规模快速上升。2017—2019 年，管制市场下的林业碳汇融资规模高达 2.336 亿美元，超过总融资规模的 50%；自愿市场规模则达到了 3972 万美元，占总融资规模的 8.9%。此外，REDD+ 机制进入了基于结果的支付阶段，2017—2019 年其融资规模也在快速增长，达到了 1.717 亿美元。

12.1.2.1　管制市场林业碳汇交易现状

截至 2021 年，已有 13 个国家及区域在其碳定价体系中加入了包括碳市场机制和碳税机制的林业碳汇抵消机制。在这些国家和地区中，加州－魁北克、新西兰、澳大利亚、哥伦比亚等碳市场的项目交易量最大。同时，新兴市场国家和地区（如中国、韩国等）也开始进行与林业碳汇相关的交易，林业碳汇融资得以大规模扩张。通过对森林趋势的相关研究，每年此类市场下的项目交易提供数十亿美元的资金用于保护森林和造林等项目。

作为全球最大的林业碳汇交易市场之一，加州－魁北克的碳市场交易总量在 2019 年超过 83 万吨 CO_2，接近 12 亿美元的价值。值得一提的是，自 2017 年以来，该市场的交易量迅速增长，这归功于两个因素：①加州立法机构颁布的新法案（AB398）将碳市场的运行期延续至 2030 年；②安大略市场链接了加州－魁北克碳交易体系，扩大了碳交易范围，为区域碳减排市场发展作出了贡献。新西兰是全球林业碳汇交易较大的地区之一，其碳交易体系在林业碳汇方面表现突出，具有许多特点，比如包括农业和林业排放交易以及将 1990 年以前的任何森林都纳入减排计划等规定。在交易价格方面，新西兰碳排放交易系统为拍卖设定了价格上限和下限，并提高了单位排放的价格。澳大利亚则是全球第三大林业碳汇交易市场，采用一种反向拍卖的方式进行操作，一些林业碳汇项目可以被认购为碳信用产品，包括造林、再造林、森林可持续经营、森林管理、可持续农业、REDD+ 等项目。

哥伦比亚采用碳税机制作为其碳定价方式，并在管制市场中扮演着重要角色，仅次于澳大利亚。哥伦比亚的碳税机制采用了符合独立核证标准（VCS）的碳减排量，其中 70% 来自 REDD+ 项目，其余 24% 则来自造林、森林恢复和再造林项目。此外，国际航空碳抵消机制也极大促进了林业碳汇交易市场的蓬勃发展。在 2016 年联合国国际航空碳抵消和减少计划签署后，192 个国家承诺将抵消其国际航空排放超过商定基线水平的增长。国际航空协会也在该计划中接受部分主要以 REDD+ 项目为主的林业碳汇项目作为碳信用抵消。

12.1.2.2　自愿市场林业碳汇交易现状

目前，林业碳汇项目已经成为自愿市场中最受欢迎的减排项目之一。在全球气候变化进程不断加剧的影响下，自愿市场林业碳汇交易量逐年上升。据数据显示，2019 年林业碳汇在自愿抵消市场的交易规模达到 3670 万吨 CO_2，交易额达到 1.59 亿美元，超过了可再生能源项目，在各类项目中占据了领先位置。林业碳汇项目之所以备受推崇，有两个主要因素：第一，价格相对较低。数据表明，2019 年新兴市场林业碳汇抵消的全球平均价格仅为每吨 4.33 美元，而同期全球 VCS 交易的平均价格为 9 美元。林业碳汇项目的价格优势在于其经济和社会效益的多重性，这也使得价格更具有竞争力。第二，国际上对于可再生能源项目仅限于作为碳信用的认可度不断降低。随着可再生能源发电价格滑落，可再生能源项目的额外性已经不再显著，一些自愿减排机制正在逐步取消对可再生能源项目的认证，这也使得林业碳汇在自愿市场中更加得到关注和支持。

在各项目类型的融资情况中，REDD+ 项目的交易量最大，超过了总交易金额的 80% 以上。造林和再造林项目的融资规模紧随其后。可持续农业和再造林项目在自愿市场的交易量相对较少。REDD+ 项目之所以成为自愿减排市场中规模最大的项目类型，主要是因为该项目范围一般是成片的热带雨林，规模较大，而且交易价格比较低廉。

目前，东南亚和南美是全球自愿减排市场林业碳汇项目的主要提供者。针对全球自愿减排市场中的林业碳汇量抵消，有超过 86% 的碳汇量来自 8 个国家，分别是印度尼西亚、秘鲁、肯尼亚、巴西、美国、危地马拉、津巴布韦和埃塞俄比亚。在购买者中，法国、英国和美国是最大的三个购买国家，其中终端购买者约占总购买者的 60%，而中介和零售商占据不到 40% 的市场份额。此外，96.4% 的购买者来自私营部门，大多数用于抵消部分碳排放，部分用于投资；消费和金融领域的购买方占比最大，大约占了 30% 和 20% 的份额。

12.1.2.3　非市场机制下碳汇交易现状

目前非市场机制下进行融资的主要手段是 REDD+ 项目，其融资的主要来源是双边及多边的公共资金。目前，许多 REDD+ 项目已经开始实施和支付，许多公共资金也开始推动基于结果的支付。到 2021 年年底，绿色气候基金已同意向阿根廷、厄瓜多尔、巴拉圭等多个国家提供基于结果的资金支持。截至 2021 年 4 月，世界银行森林碳基金签署减排支付协议（ERPAs）内容高达 6.68 亿美元。

12.1.3　全球碳汇市场发展展望

目前，国际各方都在积极探索如何利用金融手段支持林业和林业碳汇的实现。其中，绿色基金是一种金融创新工具，能够将资本和产业有机结合，为产业的发展提供无限持续的资金支持。在国际上，绿色基金正逐步成为林业碳汇项目融资的创新模式之一。相较于其他融资手段，绿色基金的投融资工具选择和运行管理更加灵活，因此得到了广泛应用，成为支持林业碳汇项目开发的重要工具。

12.1.3.1　利用各种投融资工具支持林业碳汇

绿色基金采用多种投资模式，如赠款、优惠贷款、股权投资、债权、担保等，这些投资模式与碳基金的投资方式相似。虽然这些投融资工具在林业碳汇基金领域应用广泛，但近年来公私合营基金和社会资本主导的绿色基金在支持林业碳汇方面发展迅速。这些绿色基金更倾向于采用高风险和高收益的投资类型，以尽可能低的价格获得林业碳汇碳信用、获取较好的市场收益，并有利于开发和管理长周期的碳汇项目。

根据资金主导方，可细分为公共资金、社会资本和公私合营 3 种方式的绿色基金。公共资金主导的绿色基金在推动林业碳汇发展中发挥着关键作用，后两者则成为支持国际上林业碳汇发展的创新模式。

12.1.3.2　推动社会资本的注入

绿色债券是一种被广泛用于应对气候变暖等领域的融资工具，其特点包括融资周期长、资金规模大等，尤其对于收益等待周期较长的林业碳汇项目，绿色债券是十分适用的融资方式。近年来，越来越多的国家和地区为大力发展林业碳汇项目开始尝试绿色债券的融资方式。

发行绿色债券的模式和机制非常灵活多样。由于林业碳汇项目能够直接连接碳信用市场，从而推动了绿色债券和碳信用市场的有效连接。按照绿色债券的相关原则，绿色债券的重点在于林业碳汇项目能够真正进行减排或者实现碳汇效益，对于减排或碳汇效益的评价没有交易市场的严格。绿色债券面向一些由于各种原因不能进行市场交易、但其减排或碳汇效益十分显著的林业项目，为其提供了新的融资途径。例如，美国森林基金在 2022 年发行的绿色债券为家庭林场主提供了融资的新途径。尽管其森林面积不符合林业碳汇在市场交易的要求，但通过集合的形式发行绿色债券，可为其林业碳汇项目融资提供新的可能性。

12.1.3.3　国际林业碳汇生态补偿

在可持续和绿色金融的大力推动下，林业碳汇处于前所未有的机遇之中。拥有丰富资源的区域已经开始通过绿色金融来筹集资金，为森林保护和可持续利用作出贡献。不仅如此，一些发达地区也纷纷以绿色金融的方式为发展中国家提供资金和技术，推动全球林业碳汇生态补偿的发展。

由于多重环境的快速变化，目前的森林生态补偿制度已经不能够维持森林的生态功能。在这种情况下，日本各地开始尝试进行新机制来改善现状，如征收水源税。水源税又被称为森林环境税，是为了确保上游森林持续发挥涵养水源、水土保持、净化水质等功能，同时促进森林经营管理，从下游受益者征收的一种税。水源税的主要目的是为了补偿生态效益，为森林生态健康和经济可持续发展提供坚实的保障。如美国尝试一项利用政府补贴和市场机制实现土地生态修复的计划，以解决农产品生产过剩和土壤侵蚀、水质污染等环境问题，即土地休耕保护计划（CRP）。该计划调节了农产品供求关系，保护了生态环境，促进了有机农业的发展，实现了生态修复的目标。CRP 在生态效益方面表现突出，每年参与项目的土地可以吸收 4900 吨 CO_2。此外，该计划还减少了超过 90 亿吨的土地侵蚀，并恢复了近 190 万公顷的湿地和保护了约 28 万千米的河道。在经济效益方面，政府部门发展了有机农业，提高了产品的溢价能力和农户收入水平。

12.2　全球碳汇主要市场机制介绍

12.2.1　CDM 市场机制中的碳汇交易

CDM 是《联合国气候变化框架公约》下的一个灵活机制。在 CDM 下，发达国家的企业、政府或个人可以通过向发展中国家的清洁发展项目提供资金，购买相应的减排计量单元（CERs），从而弥补自己的排放削减指标，达到实现减排的目的。目前，CDM 的 117 种方法学中涵盖了大规模项目和小规模项目、湿地项目和非湿地项目等多种类型。其中，有关林业碳汇的方法学在 2012 年整合后共有 4 个。

CDM 是联合国主导的碳汇市场机制，旨在促进技术转移、创造红利和减少全球温室气体排放。在 CDM 下，发达国家可以通过在发展中国家投资减排项目来达到自己减排的目标，同时也能给发展中国家带来经济效益和技术知识。CDM 在各国和地区的碳排放限制交易中占据重要地位，2007—2012 年 CDM 市场实现了超过 10 亿吨的减排。CDM 中的碳汇交易是指通过购买和销售 CDM 的减排配额，实现碳汇交易并达到减排的目的。CDM 减排配额是指发展国家减排项目在实现跨境转让中获得的减排资格，可以被认定为国家或企业的排放减少量，从而在国际间自由交易。购买 CDM 减排配额的企业可以将其作为履行自己减排义务的补充手段，也可以将其出售给其他企业用于减排。

CDM 主要通过两种交易渠道签发碳信用（CERs）。一种是目前主要的渠道，即在联合国碳抵消平台进行交易；另一种是在指定交易所场内交易，联合国气候变化机制与一些国际机构和交易所合作，开发的 CERs 能够在这些平台上进行交易。约有 450 万吨 CO_2 CER 在 2021 年年底通过联合国碳抵消平台被注销，该平台不支持 CER 的转手交易，购买的 CERs 将直接注销，不进行所有权转移。

CDM 的主要作用是通过引入市场机制，实现减排成本的降低以及新兴市场的推进，同时实现碳交易市场的建立与发展。CDM 的核心思想是公平、合作与可持续发展。

12.2.1.1　CDM 中的碳汇交易市场机制

（1）碳汇项目审核

CDM 执行机构会对碳汇项目进行审核，包括项目的科学性、可行性、交易性、环境保护性等方面评估。

（2）发放减排计量证书

减排计量证书是 CDM 中进行碳汇交易的基本单据。在审核通过后，执行机构会给项目发放减排计量证书（CERs），并通过确认（Verified Emission Reduction Units，VIU）来验证碳汇量的准确性。

（3）碳汇交易

碳汇交易需要在公共交易平台上进行。可通过私人市场、二级市场、期货市场等多种渠道进行碳汇交易。

12.2.1.2 CDM 中的碳汇交易特点

（1）市场机制

CDM 是市场机制的代表，通过减排项目的实施实现碳交易的成本节约以及碳汇增加。CDM 项目可以采用碳减排量作为项目投资的基础，在保证项目的质量和可持续性的同时，能够有效吸引投资者和资金。

（2）减排产权

CDM 所涉及的减排产权主要包括 CER 和 ERU 等。这些减排产权可以在欧盟碳交易市场和其他碳交易市场进行交易，从而实现碳减排成本的降低。

（3）严格的认证要求

CDM 所涉及的减排项目需要经过认证机构的审核和认证。这些审核机构能够确保 CDM 项目的质量和可持续性，提高项目的信誉度和市场流动性。

（4）有效的碳交易市场

CDM 中的减排产权可以在国际碳交易市场进行交易，为碳减排和减排成本节约提供了有效渠道。

总的来说，CDM 为发达国家和发展中国家之间的减排合作提供了一种途径，同时也促进了技术转移和投资流动。在具体实施中，还需要解决诸多问题，如确保减排量的真实性和可持续性等。

12.2.2 VCS 市场机制中的碳汇交易

自愿碳减排交易项目（Verified Carbon Stadard，VCS），是一个非政府和非营利机构，致力于通过建立高效、用途广泛和公正的减排标准和认证机制，支持低温排放和减排项目，扩大碳汇市场。在方法学方面，截至 2023 年 VCS 备案方法学已有 49 个，且所有机制下的方法学都可以用于登记 VCS 项目。

VCS 是一种完善的国际自愿碳市场补偿标准，能够有效解决碳排放问题，其审定和核查成本相对较低。VCS 在交易方面也具有较为灵活的方式，包括在 Verra

登记系统和 CTX 交易所场内交易。此外，VCS 开发的碳信用还可应用于衍生品交易，如 ESG 现货市场 CBL 和 CME 推出的 GEO、N-GEO 和 C-GEO 现货及期货合约中均包含 VCUs（VCS 签发的减排量），值得注意的是，C-GEO 和 N-GEO 的登记机构仅为 Verra。

在 VCS 下，碳汇交易的重点是吸收减少的 CO_2，旨在减少温室气体排放。VCS 的标准和认证机制基于事实的科学减排计划设定，确保减排项目的真实性和可持续性。机制中的碳汇交易是指通过购买和销售 VCS 标准下的减排凭证，实现碳汇交易并达到减排的目的。购买减排凭证的企业可以用于履行自己减排义务，其减排效益也可以作为企业绿色形象和可持续发展的一部分，在市场上获得更多的竞争优势。

12.2.2.1　VCS 的碳汇交易市场机制

（1）碳汇项目注册

碳交易市场监管机构对碳汇项目进行注册，项目需要通过官方机构的审核才能在市场上销售。

（2）发放验收证书

VCS 市场需要发放验收证书，确保碳汇量的准确性。碳交易市场监管机构会根据碳汇项目的核算结果向相关企业或投资者发放对应的验收证书。

（3）市场交易

VCS 市场机制的碳汇交易需要在公共交易平台上进行，可以通过私人市场、二级市场、期货市场等多种渠道进行交易。

12.2.2.2　VCS 中的碳汇交易主要特点

（1）可验证性

VCS 强调碳减排项目的可验证性，只有通过认证机构的联合审核和认证，才能够实现减排产权的发放和碳交易的实现。

（2）分布式的交易市场

VCS 中的碳交易不仅可以在中央清算机构进行结算，还可以在分布式的交易市场上进行交易，从而具备更多的流动性和可行性。

（3）灵活性

VCS 可以为不同类型的碳减排项目提供定制化的解决方案，从而实现在碳减排和碳交易市场中的竞争力和流动性。

（4）专业化的服务

VCS 认证机构提供专业化的服务和咨询，为碳减排项目的实施和碳减排产权的发展提供重要的支持和帮助。

12.2.3　其他市场机制中的碳汇交易

除了 CDM 和 VCS，还存在着其他的碳市场机制，如欧盟碳排污交易市场（EU ETS）、芝加哥气候交易所（Chicago Climate Exchange，CCE）、加拿大气候交易（Canada Climate Exchange，CCE）、澳大利亚碳交易（Australian Carbon Trading，ACT）等。其他市场机制也提供了多种碳汇交易的方式。其中，REDD+ 机制是基于保护森林和恢复退化土地的碳汇减排领域中的一种机制。在 REDD+ 机制中，购买方式更加多样化，购买者既可以是国家，也可以是企业。购买者通过购买森林禁止伐木、改变林地用途或恢复退化土地等方式的减排奖励计划实现减排目标。

黄金标准是世界自然基金会制定的用于确保减排项目真实性和社会、经济、环境效益的标准。黄金标准的方法学范围广泛，涉及土地利用、可再生能源等多个领域，其中造林/再造林温室气体减排与封存的方法专门针对林业。该机制下共备案了 21 个林业碳汇项目，其中中国有 3 个，预计年均 CO_2 减排量 2.58 万吨。GSVERs 可以在黄金标准登记系统进行实时注销，也可以在 CTX 交易所进行交易。此外，基于 CORSIA 认可的 8 种减排机制开发的林业碳汇，可以在国际航空协会指定的交易场所——航空碳交换系统进行交易。香港联交所推出的国际碳市场 Core Climate 也为未来国际间的林业碳汇交易提供了平台，该平台上的碳信用产品来自经国际认证的各地碳项目，包括林业、风力、太阳能、水力发电、生物质能等类型。表 12.1 可见国际机制下林业碳汇相关方法学的对比。

欧盟碳市场是世界上最大的碳交易市场，由欧盟各国组成。该市场以排放权为主，同时也支持碳汇交易，其市场机制如下。

（1）碳汇项目审核

碳交易市场管理员会对碳汇项目进行审核，以确保项目符合市场标准。

表 12.1　CDM、VCS、GS 方法学比较

对比类别	CDM	VCS	GS
发起者	联合国气候变化框架公约	国际排放交易协会、世界经济论坛、气候组织等	世界自然基金会等组织
目标	发达国家缔约方用于实现在《京都议定书》中所承诺的限排或减排目标	为自愿减排项目提供认证和信用签发服务	针对组织或个人自愿抵消而建立，但有些也被用于各类碳定价机制的履约
类型	造林和再造林、森林保护和森林可持续经营	造林、再造林和植被恢复（ARR）项目、森林经营管理（IFM）项目、森林伐转保减（REDD）项目	造林、再造林

对比类别	CDM	VCS	GS
适用范围	造林：50 年以来的无林地； 再造林：1989 年年底前为无林地； 造林再造林和植被恢复：项目开始前的至少 10 年是无林地	造林再造林和植被恢复：项目开始前的至少 10 年内是无林地（或证明土地未被破坏原有的生态系统）； 减少毁林和森林化：项目开始前至少 10 年内符合森林的资格	项目开始前至少 10 年是无林地

（2）发放减排计量证书

碳交易市场管理员会给通过审核的碳汇项目发放减排计量证书，并通过确认VIU 来验证碳汇量的准确性。

（3）碳汇交易

欧盟碳市场的碳汇交易需要在公共交易平台上进行，可通过私人市场、二级市场、期货市场等多种渠道进行交易。

浅层地热、可再生能源、直接减排等市场机制也提供了一些小型项目的碳汇交易。根据各国和地区碳限制和减排需求，相关的碳汇市场机制也在不断发展和更新，以满足不断变化的需求和要求。

第13章　中国碳市场

中国碳市场处于初期发展阶段，所覆盖的行业范围和企业数量规模全球最大，在国际减排工作中占有重要地位，但也存在诸多不足。随着党的二十大精神的逐步落实，建立规范的碳市场交易体系会进一步深化，开展碳交易也十分重要。

13.1　中国碳市场概况

实现碳达峰碳中和，是我国着力解决资源环境约束突出问题、实现中华民族永续发展的必然选择，也是构建人类命运共同体的庄严承诺。2021年，碳达峰碳中和首次被写入中国政府工作报告。利用市场机制引导行业低碳转型是实现"双碳"目标的重要方式。2022年4月，《中共中央国务院关于加快建设全国统一大市场的意见》正式发布，当中明确指出要建立全国统一的碳排放权交易市场，为促进碳排放权在更大的市场范围内实现流通交易指明了方向，并将通过市场基础制度规则统一及监管力度的不断强化，推动建立更加公平的市场行为规范，提升碳交易市场活力。作为一项推动实现"双碳"目标的重要政策工具和重大制度创新，中国碳市场以市场机制为手段，着力控制和减少温室气体排放，推进绿色低碳发展。中国碳市场已于2021年7月16日正式启动上线交易，目前运行平稳有序。总体来看，作为全球覆盖温室气体排放量规模最大的碳市场，中国碳市场目前仍处于起步阶段，在逐步深化全国碳市场建设的过程中，需要通过更长时间的政策实践、更大范围的市场探索和主体参与进一步服务"双碳"战略目标，为中国如期实现"双碳"承诺贡献力量。

目前，我国碳市场发展总体经历了三个阶段，分别是2005—2012年我国与海外其他国家进行的CDM项目阶段、2013—2020年碳交易试点阶段、2021年之后的全国碳市场交易阶段。

13.1.1　第一阶段：CDM 项目阶段

1997 年 12 月，《联合国气候变化框架公约》第三次缔约方大会在日本京都召开，149 个国家和地区的代表通过了旨在限制发达国家温室气体排放量以抑制全球变暖的《京都议定书》。《京都议定书》建立了旨在减排温室气体的三个灵活合作机制——国际排放贸易机制（IET）、联合履行机制（JI）和清洁发展机制（CDM）。其中 CDM 的核心内容是允许缔约方（即发达国家）与非缔约方（即发展中国家）进行项目级的减排量抵消额的转让与获得，在发展中国家实施温室气体减排项目。

2004 年 5 月，国家发改委发布《清洁发展机制项目运行管理暂行办法》，依据《京都议定书》的内容，为加强对清洁发展机制项目活动管理，我国开始以 CDM 与发达国家合作，参与国际碳交易。根据 UNFCCC 官网数据显示，我国目前共注册 CDM 项目数量为 3876 个。2005 年 6 月，中国首次开展的 CDM 项目为与荷兰合作的辉腾锡勒风电场项目，预计 CO_2 每年减少量为 51429 吨，也标志着我国首个风力 CDM 项目的开始。2005—2011 年我国 CDM 项目数量呈稳步上升趋势，且在 2012 年达到峰值。2012 年我国 CDM 注册项目为 1819 个，占 CDM 项目总数的 46.93%。从 2013 年开始，我国 CDM 注册项目数量呈断崖式减少，其原因在于随着《京都议定书》中 2008—2012 年第一阶段的结束，CDM 也发生很大变化，其中欧盟规定 2013 年后将严格限制减排量大的 CDM 项目进入 EUETS，并且只接受 LDC（最不发达国家）新注册的 CDM 项目。因此，在 2013 年之后我国 CDM 注册项目骤降，且在 2017 年之后没有出现新注册的 CDM 项目，这也基本宣告我国 CDM 阶段的结束。根据 UNFCCC 数据，我国 CDM 项目主要为风力和水电，两类 CDM 项目占比约为总数的 75%。

13.1.2　第二阶段：碳交易试点阶段

受 2013 年欧盟 CDM 项目限制的影响，我国暂停国际 CDM 项目。与此同时，我国尝试构架国内碳交易市场，通过借鉴欧盟碳交易市场（EU-ETS）推出碳排放交易试点市场（ETS）和借鉴《京都议定书》中的 CDM 推出自愿核证减排机制（CCER）。碳排放交易试点市场和自愿核证减排机制双轨进行，有效促进了温室气体减排。2011 年 10 月 29 日，国家发改委办公厅发布《关于开展碳排放权交易试点工作的通知》，为落实"十二五"规划关于逐步建立国内碳排放交易市场的要求，同意北京市、天津市、上海市、重庆市、湖北省、广东省、深圳市开展碳排放权交易试点。2016 年 12 月 22 日，福建省碳排放权交易在福建海峡股权交易中心正式启动。截至 2022 年，我国共有 8 个碳交易试点，结合地方的产业结构特征、行政成本、市场活跃度等综合选取纳入的行业范围。

从试点开展以来的交易数据看，试点碳市场普遍经历了前期碳价走低、后期价格回调的过程。具体而言，各试点市场开市前半年内，控排企业对碳市场政策情况不熟悉、对自身配额盈缺情况了解不充分，不敢轻易开展配额交易，碳价普遍保持在开盘价格（政府指导价格）附近；2015—2016 年试点开始阶段存在的市场制度不完善、配额分配整体盈余的现象开始显现，碳价开始探底，上海碳价一度下跌至每吨 5 元，广东、湖北碳价也一度下跌至每吨 10 元以下；此后，随着碳市场制度在逐年修订中不断完善，企业对碳市场控排的长期预期形成，配额分配方法趋于细化，配额分配整体适度从紧，碳价随之开始回调。从整体来看，目前试点碳价变化逐步趋稳，呈现自然的波动状态，表明我国碳交易市场均衡机制已经形成，市场成熟度不断提高。

13.1.3 第三阶段：碳交易全国统一化阶段

2021 年 7 月 16 日，全国碳市场在北京、上海、武汉三地同时开市。生态环境部发布的《碳排放权交易管理办法（试行）》规定，全国碳市场和地方试点碳市场并存，尚未被纳入全国碳市场的企业将继续在试点碳市场进行交易，纳入全国碳市场的重点排放单位不再参与地方试点碳市场。发电行业成为首个纳入全国碳市场的行业，纳入重点排放单位超过 2000 家。据测算，该行业 CO_2 排放总量超过 40 亿吨 / 年，意味着我国碳市场一经启动就成为全球覆盖温室气体排放量规模最大的碳市场。从交易机制看，全国碳排放交易所仍将采用和各区域试点一样以配额交易为主导、以核证自愿减排量为补充的双轨体系。从交易市场来看，目前全国碳排放交易所和试点碳排放交易所同时保持开放，两类市场呈互补状态。为推动全国碳市场的规范发展，2014 年我国开始陆续推出了一系列相关政策，明确全国统一碳排放权交易市场的基本框架，规范全国碳市场建设工作。目前，全国碳排放交易所仅仅覆盖了电力行业的 2851 家企业，行业覆盖度较为单一，未来仍然需要扩充和完善。预计全国碳市场在不断成熟的情况下，以电力行业为起点，未来将逐步向石化、化工、建材、钢铁、有色金属、造纸和国内民用航空等行业拓展，实现更全面的碳管控机制。2022 年 3 月，海南国际碳排放权交易中心获批设立，这是落实国家绿色发展战略的重要实践，也是我国连接全国碳交易市场与国际市场的重要方式。

13.2 中国碳交易试点及其发展

在全球环境污染问题日益严峻的当下，降低人类生产生活对气候的负面影响、减少温室气体排放已经成为各国经济发展的新方向。长期以来，中国一直都是环境保护的倡导者和引领者。一方面，我国积极倡导世界各国共同协商合作，推动《巴黎气候协定》的制度构建，推动国际气候治理体系重建；另一方面，我国在经济发展过程中将减排视为必须考虑的环节，在国内建立了有效的政策体系，引导国内企业减排生产，推动企业生产低碳转型。在地方碳市场的建设过程中，我国采取顶层设计与地方特色相结合的方式，通过国家政策法规的颁布进行顶层设计推动总体进程，同时允许地方根据自身经济、社会、环境特点进行针对性部署。2011 年，国家发改委设立碳排放权交易试点区域，北京、天津、上海、重庆、广东、湖北、深圳 7 个省市入选。2013 年 6 月，深圳碳排放权交易所率先建立，其余的试点交易市场也在此后相继建立。2016 年国家发改委进一步批复设立四川非试点和福建试点碳交易市场，形成目前地方碳市场的"8+1"格局。各地方政府根据国家对碳市场建立的总体设计思路，结合本地社会经济发展特征，在总量设定、部门覆盖、配额分配、交易规则、履约机制等多个方面进行了政策实践，为全国性市场的发展探索可行路径。

13.2.1 政策与实践

紧跟中央顶层设计的政策推动，各试点单位所在地政府结合自身实际情况，先后出台一系列政策规定，有力支持当地碳市场的有序发展和运营。2013 年 6 月深圳排放权交易所率先启动，635 家工业企业和 200 家大型公共建筑被纳入碳排放权交易试点。2013 年 11 月上海环境能源交易所上线，钢铁、化工、宾馆等 191 家企业参与交易。2013 年 11 月北京环境交易所开启，初期纳入碳排放交易的履约企业共 400 余家。2013 年 12 月广东碳排放交易市场启动，控排企业涉及电力、水泥、钢铁、陶瓷、石化、纺织、有色、塑料和造纸九大高能耗行业的 827 家企业。2013 年 12 月天津排放权交易所启动，将钢铁、化工、电力热力、石化、油气开采五大高能耗行业的 114 家企业纳入初期试点范围。2014 年 4 月湖北碳排放权交易中心启动，初期共有 138 家企业纳入碳排放配额管理，涉及电力、热力、钢铁等 12 个行业。2014 年 6 月重庆碳排放权交易所上线，确定了 254 家年排放超过 2 万吨 CO_2 的工业企业进入试点市场。2016 年 6 月福建省碳排放权交易所启动，涵盖电力、石化、化工、建材、钢铁、有色、造纸、航空和陶瓷九大行业的 227 家企业。2016 年 12 月四川联合环境交易所获得国家碳交易机构备案，成为全国碳排放权交易非试点地区首家碳交易机构。

13.2.2　中国各碳交易试点概况

13.2.2.1　广东 ETS 试点是中国 ETS 试点中规模最大的

自 2016 年以来，经过几次范围扩展，广东 ETS 试点涵盖了水泥、钢铁、石化、造纸和国内航空行业，约占该省碳排放量的 40%。同时，广东 ETS 试点是中国试点中最活跃的市场之一，现货交易量最大。2019—2020 年，广东 ETS 的现货交易量超过了同期欧洲能源交易所（EEX）的 EUA 现货交易量。广东也是首个引入拍卖作为重点分配方式之一的试点。近年来，广东在二级市场推出了新的交易方式——保证金交易，以进一步提高市场流动性。广东是少数几个对外国投资者开放的试点之一。

13.2.2.2　湖北 ETS 试点涵盖了广泛的工业部门，并多次扩大其范围

截至 2019 年，该系统覆盖超过 373 个实体和约占全省 CO_2 排放量的 45%。就交易而言，湖北一直是中国最活跃的区域市场之一；就现货交易量而言，湖北的市场规模仅次于广东，是国内从事现货远期交易的区域先行者之一。当考虑现货远期交易时，截至 2021 年年底，湖北拥有最大的市场，二级市场交易总量为 3.65 亿吨，价值为 86.5 亿元人民币。同时，湖北允许境外机构和个人投资者参与其碳市场。

13.2.2.3　上海 ETS 试点覆盖了该市一半以上的排放

上海 ETS 试点包括工业和非工业部门，如建筑、航空和航运，是唯一上线以来连续实现 100% 达标率的试点。在所有试点中，上海在抵免额度交易方面最为活跃。它还在中国开创了现货远期交易的先河，并开展了其他各种碳金融创新，如碳基金、碳信托、CCER 质押贷款、绿色债券和碳保证金交易。

13.2.2.4　深圳 ETS 试点是中国第一个开始运营的试点

深圳是中国唯一的副省级城市试点，其 ETS 试点涵盖了能源、工业、建筑和运输行业共 687 家单位，主要基于免费分配。该试点 ETS 的一个独特之处在于其法律基础，尽管大多数试点由政府执行机构的地方政府命令监管，但深圳试点 ETS 由深圳市人民代表大会通过的专门 ETS 法案监管。深圳是中国最活跃的区域市场之一，尽管与其他试点相比规模相对较小，但该试点向多元化的市场参与者开放，开创了跨区域合作的先河。

13.2.2.5　天津 ETS 试点涵盖热力和电力生产、钢铁、石油化工、化学品、石油和天然气勘探、造纸、航空和建筑材料

过去几年，天津的中国核证减排量（CCER）和配额市场规模显著增加。2021 年，就 CCER 交易量而言，天津 ETS 是第三大区域试点，如果考虑配额，则是第二大区域试点。

13.2.2.6　重庆 ETS 试点覆盖电解铝、铁合金、电石、水泥、烧碱、钢铁等工业行业，并且是唯一一个覆盖非 CO_2 气体的试点

与中国其他试点项目相比，重庆 ETS 试点项目的另一个独特之处在于，它有一条明确的上限设定路径，即设定年度减排率并应用于基准年排放水平（即 2008—2012 年每个覆盖实体的最高年排放量之和）。

13.2.2.7　福建 ETS 试点是中国第 8 个 ETS 区域试点

该系统涵盖电网、石化、化工、建材、钢铁、有色、造纸、航空和陶瓷 9 个行业。鉴于福建林业部门的突出地位，其 ETS 试点特别关注碳汇。2017 年，福建省政府提出了一项在该省推广林业补偿项目的计划。截至 2020 年年底，福建 ETS 累计交易林业抵减额度 280 万吨，总交易额超过 4000 万元人民币，超额完成 2017 年全省林业抵减目标。

13.2.3　地方碳市场发展情况

2022 年，中国试点碳市场整体成交量下降，相较上一年降幅达 18%。在各试点碳价进一步提升的情况下，整体成交额仍呈现增长态势。

表 13.1 涉及的试点碳市场的数据均为线上交易数据，数据截止时间为 2022 年 12 月 31 日。从表 13.1 可以看出，广东的成交总量和累计成交量远超其他 6 个市场；湖北虽然起步较晚，但是成交量位居全国第二；深圳试点的时间最早，但是成交量低于广东和湖北；北京在 7 个试点交易所中成交均价最高，达到了 87.57 元/吨，是天津、深圳和重庆的两倍以上；上海、天津和北京的开市时间相近，但是天津的成交总量超过了其余两个，而北京的交易额是上海和天津的两倍。

表 13.1　2022 年 7 个试点碳市场累计线上配额成交情况

试点	开市日期	成交总量（万吨）	成交总额（亿元）	成交均价（元/吨）
北京	2013.11.28	1815.31	12.29	87.57
天津	2013.12.26	2380.79	5.88	32.40
上海	2013.11.26	1943.39	6.39	56.58
深圳	2013.6.18	5429.89	14.11	34.67
广东	2013.12.19	19063.20	46.52	76.39
湖北	2014.4.2	8211.21	20.25	47.37
重庆	2014.6.19	1047.19	0.96	39.29

数据来源：各试点碳市场交易所。

2022 年各试点碳市场的交易均价均呈增长趋势，其中涨幅最大的是深圳。相比 2021 年，深圳 2022 年碳交易成交均价是 2021 年的 4 倍左右；福建和广东成交均价增幅 80% 左右，增幅较大；北京和湖北增幅则在 50% 左右。相比其他试点，天津和重庆的涨幅相对较小，天津由 2021 年 29.54 元 / 吨的成交均价增长至 2022 年 34.36 元 / 吨，重庆由 2021 年 32.17 元 / 吨增长至 2022 年 39.22 元 / 吨（图 13.1）。

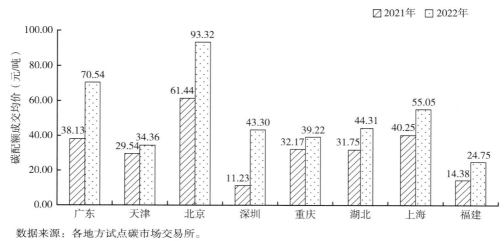

数据来源：各地方试点碳市场交易所。

图 13.1 地方试点碳市场 2021—2022 年度碳配额成交均价

13.3 中国碳交易市场机制

碳交易机制的核心思想是建立一个碳排放总量控制下的交易市场，政府通过引入总量控制与交易机制，使控排企业受到碳排放限额约束。如果企业碳排放量超出政府为其设定的限额，则需要通过碳交易市场购买相应配额，否则将受到处罚；企业也可以选择通过技术改造或改善经营等手段减少碳排放，并通过碳交易市场出售结 / 剩余的配额而获利。每家控排企业出于自身利益最大化的考虑，会选择对自己最有利的方式实现碳排放达标，或自身减排，或通过碳市场购买配额。相比行政命令机制，碳市场可以使社会总减排成本更低。碳交易体系的核心要素包括控排范围、总量设定、配额分配、交易机制、抵消机制、履约机制。

13.3.1 控排范围

确定管控范围的方法是通过筛选覆盖行业和设置行业内企业纳入门槛，以此确定最终纳入管控的企业名录。在控排行业方面，主要集中在能源密集型行业，如电力、热力、钢铁、有色、石化、化工、建材、造纸等。除此以外，建筑业和交通运输业作为仅次于热电和制造业之后的第三和第四大碳排放来源，也是地方主管部门碳排放管控中的重点行业。在控排企业的纳入条件方面，深圳和北京碳市场的纳入条件相对宽松，要求 3000 吨和 5000 吨的年 CO_2 排放企业可以纳入。上海、湖北、福建、重庆碳市场要求的控排条件在 10000 吨标准煤消耗，而广东和天津要求在 20000 吨 CO_2 排放企业。

13.3.2 总量设定

覆盖范围确定了碳市场的起始碳排放量，总量设定则是在起始碳排放量的基础上确定管控体系在未来目标年份的碳排放总量。总量设置需要控制在合理适度的范围内，以对碳价形成支撑，并且不会给控排企业造成过大的经济负担。碳交易主要是控制温室气体的排放量，通过设定配额总量确保碳排放权的"稀缺性"。配额总量的多少决定了碳市场上配额的供给，进而影响配额的价格。配额总量设定的方法通常有两种，分别是"自上而下法"和"自下而上法"，前者是按照碳排放强度逐年降低和碳排放总量增幅逐年降低的要求，结合经济发展水平制定的碳配额总量；后者是根据控排企业的年排放量总和，估算出碳配额总量，但是需要有高质量的分行业数据来确定。

目前，我国碳市场是在综合考虑经济发展要求和温室气体控排目标的基础上，与企业历史排放数据相结合，采用"自上而下"与"自下而上"相结合的方法，并遵循"适度从紧"和"循序渐进"的原则设定碳市场总量。配额总量设定的方法主要是先根据全国统一公式计算出某省的企业配额数量，上报国家主管部门，国家主管部门经过综合考虑，确定全国和各省的配额总量，最后省级主管部门将配额发放到企业账户。

13.3.3 配额分配

由于配额的稀缺性形成市场价格，因此配额分配与控排企业参与碳交易的成本有关。碳排放权配额的分配方式分为免费发放和有偿发放。目前我国绝大多数地方试点市场的配额都是采用免费发放的形式，其中湖北、重庆和福建的所有配额均通过免费发放。深圳、北京和天津免费分配一部分核定配额，另一部分配额向市场出售，以满足部分超排企业的履约需求。广东和上海免费分配 93%～99% 的配额，其余配额则通过竞价拍卖的形式发放。有偿发放通常采用的形式是不定期竞价拍卖。

免费配额的计算方法分为历史强度法、行业基准法和历史排放法。历史强度法主要用于制造业和交通运输业，通过"历史强度值 × 减排系数 × 产量"得到企业本年度的应得配额。行业基准法主要用于发电行业，通过"行业基准值 × 产量"得到企业本年度的应获配额。历史排放法主要针对零售、建筑、酒店餐饮等，通过"历史排放平均值 × 减排系数"得到企业应当获得的初始配额。有偿分配分为拍卖和固定价格出售两种，前者由购买者竞标决定配额价格，后者由出售者决定配额价格。

13.3.4　交易机制

碳市场的交易机制包括交易主体、交易品种、交易场所、交易方式等。碳市场的交易主体主要包括控排企业、投资机构和个人。从交易品种来看，主要包括地方市场的碳配额和核证自愿减排量（CCER），部分市场还将区域减排量和远期产品也纳入交易范围，如广东的普惠自愿减排量（PHCER）和上海的远期产品（SHEAF）。碳排放权交易所是为交易活动提供交易场所及设施，为参与交易的各方提供交易服务和信息的交易场所，包括交易系统、行情系统、通信系统等设施以及信息发布、清算交割等服务。从交易方式来说，碳排放权的交易方式主要有场内交易（也叫公开交易、挂牌交易）和场外交易（也叫协议转让、大宗交易）两种类型。场内交易是指交易双方通过交易所的交易系统进行买卖申报、完成交易和结算的交易方式。场外交易指交易双方自行协商，就交易达成一致后向交易所进行申报并完成交易、结算的交易方式，具有谈判空间大、条款灵活、手续费低等特点，适合于关联交易和大宗交易，尤其是配额需求量大、谋求建立长期合作关系的交易方。

13.3.5　抵消机制

碳交易体系中一般会引入抵消机制，控排企业可以通过购买项目级的减排信用。具体来说，政府在总量控制的前提下将排放权以配额方式发放给各企业；减排成本较高的企业也可以通过购买其他企业富余的碳排放权配额或 CCER 来降低成本。目前，我国抵消的信用类型大都是 CCER，部分地区还可以用节能项目碳减排量、林业碳汇项目碳减排量或经试点地区审定签发的企业单位和个人减排量用于抵消，并且多数地区对可用于抵消的 CCER 设置时效性限制。

13.3.6　履约机制

履约机制包括控排企业需要按时提交合规的监测计划和排放报告，以及控排企业须在当地主管部门规定的期限内，按实际年度排放指标完成碳配额清缴。监测、报告和核查构成了 MRV 体系，清缴履约则是一个完整控排周期的最终步骤和目标。

碳排放的 MRV 体系是企业对内部碳排放水平进行自查并向主管部门报送经核查后的排放数据的全过程。良好的 MRV 体系可以为碳交易体系的构建与配额分配提供数据支撑，并帮助企业进行有效碳管理。具体来说，首先政府根据各行业的排放特征制定监测标准和方法；然后企业据此对自身的碳排放水平进行监测和数据统计，并在主管单位指定的时间上传碳排放水平报告和企业经济活动统计指标报告，由第三方核查机构对企业报送的排放数据进行复核；最后主管部门对重点企业的报告核查结果进行抽查与评议，在门户网站公布控排企业履约情况，并对未完成履约的企业作出处罚。

13.4 中国碳交易市场类型

13.4.1 碳配额和核证自愿减排量

目前我国碳交易市场主要有两类基础产品，分别为碳配额和核证自愿减排量（CCER）。其中，碳配额指的是政府为完成控排目标采用的一种政策手段，即在一定的空间和时间内，将该控排目标转化为碳排放配额并分配给下级政府和企业，若企业实际碳排放量小于政府分配的配额，则企业可以通过交易多余碳配额，实现碳配额在不同企业的合理分配，最终以相对较低的成本实现控排目标。CCER 是由 CDM 衍生而来的。CCER 与 CDM 类似，碳排放量超额的企业可以通过从清洁能源、林业碳汇等企业购买 CCER 抵消超额排放的 CO_2。根据《碳排放权交易管理办法（试行）》说明，CCER 是指对我国境内可再生能源、林业碳汇、甲烷利用等项目的温室气体减排效果进行量化核证，并在国家温室气体自愿减排交易注册登记系统中登记的温室气体减排量。CCER 交易指控排企业向实施碳抵消活动的企业购买可用于抵消自身碳排的核证量。

13.4.2 碳配额和核证自愿减排量的区别

13.4.2.1 交易商品不同

配额交易基于总量控制交易机制，减排量交易则是基于项目的自愿减排机制，两者交易产品的区别为：① 配额排放量是绝对值，自愿减排量是相对值；② 配额是事先创建的，开市之初就会发放给企业，而减排量则是事后产生的，当减排行为确实发生并被核证之后才会产生；③ 配额的数量是确定的，每一年的配额数量在开始交易之前便已确定，而减排量需经核证才能知道准确数量。

13.4.2.2　交易范围不同

配额交易的范围一般仅限于当地的碳市场，例如欧盟的配额只能在欧盟交易；同样地，中国碳交易试点的配额只能在试点当地的企业间交易。与之形成对比的是减排量交易具有明显的跨地域性，最为典型的代表是 CDM 项目，其项目开发产生的核证减排量（CER）信用可以在全球大部分地区流通；另外一些自愿减排标准，如核证减排标准（VCS）或黄金标准（Gold Standard），也可在全球开发项目，产生的减排量同样可以销往全球。类似地，中国 CCER 信用也可以根据一定条件在各个碳交易试点之间流通。

13.4.2.3　交易目的不同

配额交易的主要目的是企业履约，而减排量交易除了可以满足排放企业履约需求，还可以满足其他企业和个人践行社会责任的需求。特别是 VCS 和黄金标准这类的自愿减排标准，主要用途就是满足企业社会责任的市场需求。因此，配额交易的需求完全来自碳市场内生的，而减排量交易的需求则不一定。在强制减排市场中，减排量是配额的有效补充。因此，为了保障配额市场的需求，各碳市场通常会对减排量的使用数量进行限制，如大部分中国碳交易试点对 CCER 的使用比例要求限制在 10% 以内。

13.4.3　碳价的确定

碳交易是确定碳价的有效方法，是实现"双碳"目标重要的市场化机制。目前我国有两种碳定价的方法，分别为碳税政策和碳排放权交易体系。

碳税是针对某些造成 CO_2 排放的商品或服务，依照排放量征收的一种环境税。碳税的目的是通过提高 CO_2 排放企业的运营成本，从而抑制企业的 CO_2 排放量或者鼓励企业进行绿色转型，从而减缓气候变暖进程，帮助国家早日实现"双碳"目标。碳税的征收主要在国家内部。碳关税则是指主权国家或地区对高耗能产品进口征收的 CO_2 排放特别关税，属于碳税的边境税收调节。

一般来说，碳税主要适用于排放量较小或者分散的企业，而碳排放权交易则适用于排放量较大的企业。根据两种制度的差异，二者可以形成互补关系。根据我国碳减排政策的模型研究，结合碳税和碳排放权交易制度更有利于我国碳减排目标的达成。在仅应用碳排放权交易制度的情况下，有些未被纳入碳排放权交易制度中的企业排放量反而增加，通过对这些未纳入碳排放权交易制度的企业进行合理征税，可以有效避免这类情况发生，缓解"碳泄露"现象。因此，碳税可以作为碳排放权交易的良好补充，实现"双轮"驱动，确保全面减排效果最大化。

13.5　中国碳交易现状

13.5.1　碳排放配额交易现状

截至 2022 年年底，全国碳市场碳排放配额（CEA）累计成交量 2.3 亿吨，累计成交额为 104.8 亿元。整体运行情况稳中有进。2022 年，CEA 成交量 5088.9 万吨，同比 2021 年大幅下降 71.54%；成交额 28.1 亿元，同比 2021 年大幅下降 63.27%。原因主要是我国碳市场目前处于第二履约期，2022 年年底并无履约清缴要求，全国碳市场 2021—2022 年第二履约期的实际排放量于 2023 年 12 月 30 日完成清缴即可，因此碳市场交易相对 2021 年不活跃。2022 年，全国碳市场配额交易从 11 月开始增多，11 月和 12 月的全国碳市场配额交易量占 2022 年全年交易总量的 2/3（图 13.2）。

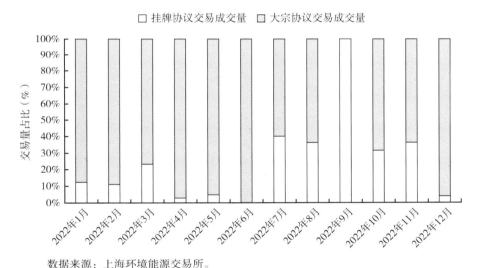

数据来源：上海环境能源交易所。

图 13.2　2022 年全国碳市场大宗协议、挂牌协议月度总交易量占比

碳排放权协议转让包括挂牌协议交易和大宗协议交易两种方式，其中 10 万吨以下以挂牌协议交易的方式成交，10 万吨及以上以大宗协议交易的方式成交。除 9 月外，大宗协议月度总交易量占比均远高于挂牌协议，但 9 月的挂牌协议总交易量占比远高于大宗协议。整体来看，大宗协议是当前全国碳市场主要的交易方式（图 13.3）。从挂牌协议交易额来看，11 月交易额 1.5207 亿元，在全年月度成交额中最大，且全年挂牌协议交易的成交额差距较大。从大宗协议交易的成交额来看，12 月达到 13.9718 亿元，处于全年中交易额最高。从挂牌协议交易和大宗协议交易的月度变化情况来看，两者年初和年末的交易额在一年中都较大，特别是第四季度两者的成交额远远超过了其他季度，第三季度的成交额为一年中

最低（图 13.4）。另外，2022 年我国碳交易成交均价相对平稳，2 月相比 1 月呈下降趋势，2 月的成交均价 55.27 元是 2022 年月度的最低价格，2 月到 5 月碳交易价格呈上升趋势，均价上涨约 10%，5 月碳交易价格是全年中的最高价格，在 5—12 月全国碳交易价格呈波段式下降趋势，其中 7 月碳价略有上升，12 月碳价大幅下降。2022 年全国碳交易的价格变动幅度在 10% 左右，并且第二、第三和第四季度全国碳交易的价格波动幅度较小，第二和第三季度的价格波动均在 0.5%～1.5%，第四季度的变动比第二和第三季度大，但是小于第一季度，第

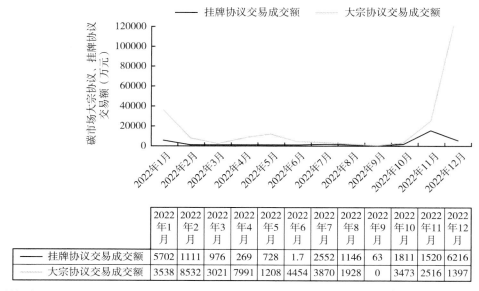

	2022年1月	2022年2月	2022年3月	2022年4月	2022年5月	2022年6月	2022年7月	2022年8月	2022年9月	2022年10月	2022年11月	2022年12月
挂牌协议交易成交额	5702	1111	976	269	728	1.7	2552	1146	63	1811	1520	6216
大宗协议交易成交额	3538	8532	3021	7991	1208	4454	3870	1928	0	3473	2516	1397

数据来源：上海环境能源交易所。

图 13.3　2022 年全国碳市场大宗协议、挂牌协议月度总交易额

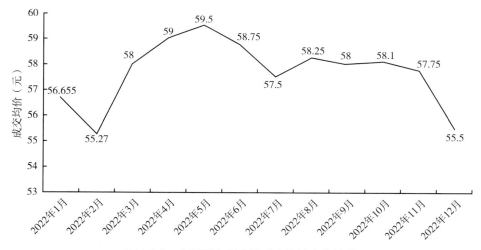

图 13.4　全国碳市场的月成交均价变化趋势

四季度的波动范围在 4% 左右。整体交易价格波动相对平稳，总体上围绕 58 元 / 吨 CO_2 上下波动。

2022 年全国碳市场的月均成交价格波动（用月度最高成交价格与最低成交价格之差来表示碳价波动性）在年初较大，后期相对平稳。其中 1 月和 2 月最高价和最低价的价差均超过了 9 元，波动较大；7 月和 12 月月度最高价格和最低价格的价差均为 5 元，波动也较大，仅次于 1 月和 2 月；3 月、4 月和 9 月月度最高价和最低价的价差均为 2 元，6 月和 8 月最高价和最低价的价差均为 2.5 元，并且在 7—11 月月度价格波动在逐渐缩小，11 月价差为 0.9 元。总体来看，10 月和 11 月是 2022 年中碳交易价格最平稳的两个月，而 1 月和 2 月是 2022 年中碳交易价格波动最大的两个月。

13.5.2　CCER 交易现状

根据统计（图 13.5），2022 年我国月度 CCER 的成交量差异较明显，从月份变化情况来看，3 月是全年 CCER 成交量最大的月份，有近 60 万吨的成交量；6 月和 7 月的成交量也超过了 40 万吨；1 月的成交量超过 20 万吨；10 月、11 月的成交量也超过了 10 万吨，其余月份成交量均低于 10 万吨。从季度变化情况来看，第一季度的成交量在全年四个季度中成交量最高，成交量为 834241 吨；第四季度为全年 CCER 成交量最低的季度，成交量为 245166 吨。

2022 年全国 CCER 成交量最高的三个地区依次是上海、天津和四川，成交量分别为 290.2 万吨、265.1 万吨和 197.2 万吨，这三个交易所占了全国 CCER 总交易量的 87.6%。

从 2022 年 CCER 的月度成交量来看，3 月和 10 月的总成交量远超其他月份成交量，其中第二和第三季度的成交量波动相对较小，4 月、11 月的成交量为

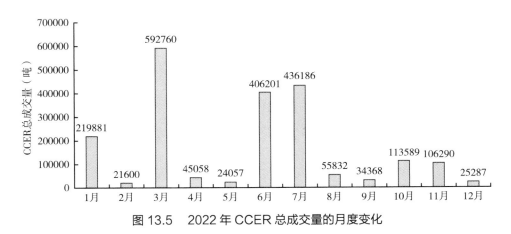

图 13.5　2022 年 CCER 总成交量的月度变化

全年中 CCER 成交量最低的两个月份，且 1 月、3 月、10 月和 7 月北京交易所 CCER 的成交量占比均在 50% 左右，而湖北交易所全年 CCER 交易量均较小。

13.6　中国碳市场建设及前景

13.6.1　我国碳市场建设基本框架

碳市场的主体主要包括主管部门、控排企业和第三方核查机构等碳市场参与方，框架的内容主要包括法律基础、各关键要素和机构安排等方面。当前，全国碳排放权交易体系的总体设计框架形成了全国统一的"自上而下"碳排放权交易体系，即国家通过制度运行的顶层设计来明确各级主体的职权，并由省级政府主管单位具体落实细则，确保了全国碳市场交易体系规则的完整和目标的一致。根据全国碳排放权交易市场的框架设计，制度体系将在覆盖行业、纳入门槛、配额分配方法、MRV 规则、履约机制、市场监管、注册登记系统、交易系统等所有体系要素的设计方面确保全国统一。

就管理框架而言，国家发改委是碳排放权交易的一级主管部门，负责全国碳排放权交易市场的建设和运作，并对运行进行有效的市场管理、行政监督和方法指导，主要职责包括：规划国家碳市场运行制度，包括覆盖范围、配额总量、配额分配方法、排放核算报告方法标准和流程等；统一管理国家注册登记系统和交易系统、管理核查机构资质、建立市场调节机制。各省、自治区、直辖市发改委是碳排放权交易的二级碳交易主管部门，主要职责包括确定重点排放单位名单、确定配额分配方案、对重点排放单位进行配额免费分配、对重点排放单位的监测计划进行备案、接收重点排放单位的排放报告和第三方核查报告、确认重点排放单位的年度排放量、负责管理重点排放单位的配额清缴、对不履约单位进行处罚等。

就交易体系的规则设定而言，主要有以下三个方面的特点：①国务院碳交易主管部门和地方碳交易主管部门相互配合，国家层面负责制度体系建设，地方层面负责落实相关政策，同时根据地区的发展情况灵活实施规则；②配合使用包括经济罚款、征信制度、取消优惠政策等多种手段，促进各市场参与方依规行事；③保证市场信息的透明度，做到市场信息对称和资源共享，包括交易体系中温室气体种类、涉及的行业、重点排放单位、排放配额分配方法、排放配额使用、确定市场的交易机构名单、交易信息。

13.6.2　碳交易体系的发展前景

当前，我国碳市场所覆盖的行业范围和企业数量规模全球最大，在国际减排工作中占有重要地位，但我国碳市场还处于初期发展阶段，在运行标准、核算体系和制度建立方面仍有诸多不足。随着我国碳市场逐步发展和完善，将纳入更多行业和企业，市场化程度将进一步加深，最终建立起规范的碳市场交易体系。

13.6.2.1　加快建立全国统一的碳市场运作标准

加快建立符合中国市场运行体系的统一碳市场管理标准，提升运作效率，规范运作制度。一是加快推动《碳排放权交易管理暂行条例》出台，自上而下建立统一的碳市场运作体系，完善规章制度和法律法规；二是建立中央监管制度，在全国范围内执行统一的行业预测、总量分配，形成统一的信息披露制度和企业会计制度，避免市场的信息不对称问题；三是引入专业的第三方机构确立和协调碳市场的统一运作规则，对碳资产、碳金融产品进行客观评估，或针对风险进行管理。

13.6.2.2　将碳市场的覆盖范围拓展到其他行业

逐步扩大行业覆盖范围，形成多行业参与格局。在发电行业重点排放单位有序参与全国碳市场的基础上，需要尽快将钢铁、化工、水泥等其他重点排放源行业纳入全国碳市场，逐步拓宽全国碳市场行业覆盖领域。目前，全国碳市场已纳入发电行业和水泥建材行业，全国碳覆盖范围稳步提升。2022 年北京市已率先公布纳入全国碳市场的其他行业报告单位名单，这一趋势将给市场带来广阔的发展空间。

13.6.2.3　构建碳排放统计核算体系，完善碳市场数据库

一方面，《关于加快建立统一规范的碳排放统计核算体系实施方案》从机构设置、人员设置、中心数据库建设、核算技术、核算方法、政策法规等层面进一步建立统一规范的碳排放统计核算体系。这一运作体系将为相关单位和部门提供相对统一、科学、规范和可靠的碳排放数据，进而促进"双碳"目标的实现。

另一方面，建立"科技 + 金融"碳市场数据库，不断提升数据质量和碳交易活跃度。运用如云计算、人工智能和区块链等数字科技建立统一的碳市场数据库，监测碳市场的运行情况；建立奖惩分明的规范机制，使碳市场的交易者能够维护信息的真实性和有效性。

13.6.2.4　丰富碳市场的交易品种和交易方式

目前，7 个试点碳市场初步尝试了金融类衍生产品。湖北碳市场已经有碳远期、碳配额托管等，上海碳市场有碳配额远期、碳基金等。丰富的交易产品和多样化的交易方式能提升市场活跃度，进一步加快全国碳市场的市场化进程。应在借鉴试点碳市场和国际碳市场经验的基础上，增加碳金融衍生产品种类，并探索更多交易方式。发展碳金融创新，形成有效的碳定价体系和多层次碳市场。建立

碳期货、碳远期和期权等金融产品，进一步支持碳债券、碳基金、碳信托和碳保险等金融创新，充分发挥碳市场的融资功能，满足交易主体多元融资需求，进一步建立信用风险防范制度和风险管理体系。

13.6.2.5 统筹处理好全国碳市场与国际、地方碳市场的关系

综合碳市场建设和碳金融创新方面的经验，加快全国碳配额市场、减排市场和碳普惠市场的融合，加强碳市场与环境保护、能源利用的联动，探索碳关联产业的传导机制，推进全国碳市场和其他市场的融合发展。加强国际协作，逐步建设全球碳市场核心枢纽。加快国内外碳交易机制的政策协调，鼓励相关企业在低碳领域与国际标准相结合，加强对未来全球碳市场发展趋势、碳价制度和碳管理机制的参与研究，积极发挥市场引领作用，为我国拓宽国际碳市场交易积累经验。

第14章 中国碳汇市场

碳汇市场和碳市场有一定的区别，也有很大的联系，碳市场包括碳汇市场。在碳排放权交易下的碳汇交易是一项全新的工作，是利用市场机制拓展相关领域融资渠道的重要途径，是促进国家控制温室气体排放目标实现的重要手段，是加强生态文明制度建设的内在要求。因此，开展中国碳汇市场的研究有重要的意义和价值。

14.1 中国碳汇市场概况

14.1.1 发展背景

2015 年 9 月，中共中央、国务院印发《生态文明体制改革总体方案》，要求"逐步建立全国碳排放总量控制制度和分解落实机制，建立增加森林、草原、湿地、海洋碳汇的有效机制"。2016 年 11 月《国务院办公厅关于完善集体林权制度的意见》，指出"要促进碳汇进入碳交易"。2021 年 10 月 24 日，中共中央、国务院印发《关于完整准确全面贯彻新发展理念做好碳达峰碳中和工作的意见》，要求"将碳汇交易纳入全国碳排放权交易市场，建立健全能够体现碳汇价值的生态保护补偿机制"。2020 年，中央经济工作会议首次将"开展大规模国土绿化行动，提升生态系统碳汇能力"作为碳达峰碳中和的内容纳入"十四五"开局之年我国经济工作重点任务。在 2021 年 3 月召开的中央财经委员会第九次会议上，习近平总书记进一步指出："要提升生态碳汇能力，强化国土空间规划和用途管控，有效发挥森林、草原、湿地、海洋、土壤、冻土的固碳作用，提升生态系统碳汇增量"。碳汇主要包括林业碳汇、草原碳汇、湿地碳汇和海洋碳汇 4 种类型。目前，仅有林业碳汇具备市场交易的基础和条件，相关交易也取得了一些进展，但也存在巨大的困难和挑战。

碳市场是国际公认的应对气候变化最具成本效益的政策工具。为丰富碳市场交易产品，国家发改委于 2012 年颁布了《温室气体自愿减排交易管理暂行办法》，致力于构建统一、规范、可信的温室气体自愿减排交易体系。此后，林业碳汇交易和碳中和补偿越来越受到政府、企业和个人的关注，成为开展生态保护和修复、践行"两山"理念、应对气候变化的热点。在市场化试点实践过程中，林业碳汇取得了良好效果、发挥了重要作用，但也出现了一些问题。随着我国"双碳"目标的提出和全国碳市场的逐步发展，需要不断健全和完善林业碳汇项目的开发和交易。

14.1.2 发展历程

14.1.2.1 国家林业碳汇市场建立

国家林业和草原局高度重视林业应对气候变化工作，大力加强基础能力建设，加快计量监测理论方法研究和标准规范制定，编制完成体系建设总体规划，稳步推进技术体系、数据体系、模型体系和评价体系建设。国家林业局碳汇管理领导小组及其办公室于 2003 年正式成立，2007 年调整为国家林业局气候变化与节能减排领导小组及其办公室，均隶属国家林业局造林绿化管理司（现为国家林业和草原局生态保护与修复司）。2009 年，国家林业局成立了国家林业计量监测中心和区域中心，启动国家碳汇计量监测体系建设，以适应应对气候变化林业温室气体清单编制和国内温室气体排放控制目标评估的需要。此后，国家林业局先后发布了《林业应对气候变化行动计划》《林业应对气候变化"十二五"行动要点》《关于推进林业碳交易的指导意见》《林业应对气候变化"十三五"行动要点》和《林业适应气候变化行动计划（2016—2020 年）》。2006 年，国家林业局和世界银行在广西成功实施了全球首个清洁发展机制（CDM）造林项目。该项目方法是世界上第一个针对退化土地的 CDM 再造林方法，在国际上产生了重大影响，也是世界上第一个在联合国 CDM 理事会成功注册的碳汇再造林项目，开创了国内外 CDM 林业碳汇再造林项目的成功交易。

为充分动员社会力量参与林业增汇减排活动，发挥在应对气候变化中的重要作用，提高公民的环境保护意识，国务院于 2010 年批准成立中国绿色碳汇基金会，这是全国首个以增汇减排、应对气候变化为目标的公益性基金。2011 年，在北京、广东、上海、天津、重庆、湖北、深圳 7 个省（市）开展碳排放权交易试点，交易产品主要是碳排放配额和国家认证的自愿减排（CCERs），林业碳汇项目属于自愿减排交易。为积极推动林业碳汇参与碳交易试点，国家林业局组织编制并报国家气候变化主管部门备案《碳汇造林项目方法学》《森林经营碳汇项目方法学》《竹子造林碳汇项目方法学》《竹林经营碳汇项目方法学》，为国家开展自愿林业减排碳汇项目开发和碳汇交易奠定了技术基础。2017 年年初，为规范温室气体减排自愿交易，同时为全国碳排放交易市场建设正式启动做准备，国家暂停了 CCER 项目备案申请，林业碳汇项目也暂停备案申请。2017 年 12 月 19 日，国家发改委发布《全国碳排放权交易市场建设方案（发电行业）》，标志着我国碳排放权正式启动。2018 年，国务院新一轮机构改革后，应对气候变化的主管部门由国家发改委变更为生态环境部。《温室气体自愿减排交易管理暂行办法》规定，重点排放单位可以使用国家认证的自愿减排（CCERs），包括林业碳汇项目，抵消不超过 5% 的碳排放。为进一步加强碳排放权交易管理，又于同年 3 月 30 日开始公开征求《碳排放权交易管理暂行条例（草案修改稿）》意见。2021 年 7 月 16 日，全国碳市场正式启动交易。

14.1.2.2　地方林业碳汇市场建立

在区域或地方层面，为探索林业碳汇项目开发和交易方式，简化相关程序，降低项目开发成本，并结合贫困地区扶贫工作，北京、广东、福建、贵州等省（市）开展了试点和实践。2012 年，北京市政府颁布了《北京市碳排放权交易试点实施方案（2012—2015 年）》，明确交易市场参与者可以购买和使用"中国认证减排量（CCER）"进行减排。2013 年 11 月，北京市碳排放权交易市场挂牌，出台《北京市碳排放权交易试点管理办法（试行）》，将林业碳汇纳入抵消机制，北京市认证减排单位参与碳交易。2015 年，广东省启动碳普惠体系建设，发布了《广东碳普惠试点工作实施方案》，将林业碳汇纳入其中，并于 2017 年记录了广东省森林保护碳普惠方法学和广东省森林管理碳普惠方法学两种本地方法学。福建省 2016 年出台《福建省碳排放权交易市场建设实施方案》《福建省碳补偿管理办法（试行）》，2017 年出台《福建省林业碳汇交易试点方案》。贵州省政府发布《贵州省生态扶贫实施方案（2017—2020 年）》，开展碳汇交易扶贫试点项目，制定贵州省单株碳汇方法，在 14 个深度贫困县开展林业碳汇项目开发和碳汇交易。

14.1.3　碳汇市场现状

14.1.3.1　碳汇市场发展现状

碳汇交易在国内现阶段整体发展较慢。从国际市场来看，我国进入国际市场交易的林业碳汇主要是基于 CDM、VCS 及黄金标准（GS）下开发的林业碳汇项目。由于《京都议定书》第二承诺期（2013—2020 年）发达国家承诺的减排目标大幅下降，以及欧盟碳市场规定 2013 年以后只接受最不发达国家的 CDM 项目用于履约，近几年中国 CDM 项目注册数几乎为零。VCS 是一种比较完善的国际自愿碳市场补偿标准，能够在自愿市场上解决更多碳排放问题并具有较低的审定和核查成本。中国已注册的林业 VCS 项目高达几十个，未来 VCS 项目将是中国参与国际碳汇交易的重要途径。GS 是世界自然基金会为确保减排项目的真实性及社会效益、经济效益和环境效益的顺利实现而制定的标准。依据 GS 标准开发的林业碳汇造林项目通常都在低收入或中等收入国家实施，规模普遍较小。截至 2022 年 8 月，我国有 3 个林业碳汇 GS 项目已成功注册备案。

我国自 2013 年 6 月以来陆续启动了"8+1"个碳排放权交易点，并且允许控排企业将一定比例的中国核证减排量（CCER）用于抵消企业在生产过程中造成的碳排放，自此包括林业碳汇在内的 CCER 项目开发呈现快速发展态势。广东长隆碳汇造林项目是国内首个签发的林业 CCER 项目，同时其以 20 元/吨的价格完成了国内碳市场首笔林业碳汇 CCER 交易。2017 年，国家发改委因温室气体自愿减排交易量小、个别项目不够规范等问题而暂缓受理 CCER 项目签发工作，截至 2017 年 3 月，我国自愿减排信息平台共公示了 97 个林业碳汇 CCER 项目。

近期，多地推出林业碳汇首单交易。2022 年 12 月 1 日，江西省铜鼓县与国泰君安证券股份有限公司签订全省首笔千万元级林业碳汇交易协议。项目涉及造林面积约 4.4 万亩，第一个监测期内预估将产生 50 万吨左右的温室气体减排量，根据目前市场价格预估其价值约为 2500 万元。2022 年 12 月 5 日，浙江省首批林业碳汇交易在杭州举行大型会议，活动主办方购碳、公共机构购碳等四大类项目共签约碳汇量 3602 吨，成交额 36 万多元。本次交易的碳汇开发项目主要来自衢州、安吉、龙泉等林业减碳试点城市，涉及林地 2995.13 公顷。2022 年 12 月 16 日，安徽省首个林业碳汇开发试点基地在池州揭牌，池州市属于林业资源大市，据测算全市碳储量（以 CO_2 计）达 4510 万吨，具备林业碳汇项目开发潜力约 221 万吨。

14.1.3.2　开展碳汇试点

2022 年，国家林草局启动林业碳汇试点建设。经过专家评审，18 个林业碳汇试点城市和 21 个国有林场森林碳汇试点以生态条件良好、具有典型代表性、地方党委政府对碳汇事业重视度高、开展试点的积极性强等优势，在 100 多个申报地区的竞争中成功入选。开展林业碳汇试点市（区、县）和国有林场森林碳汇试点，是深入贯彻落实党中央、国务院关于碳达峰碳中和重大战略决策，巩固提升林草生态系统碳汇能力，充分发挥森林碳库作用的重要举措。

18 个林业碳汇试点城市（区、县）分别为：北京市通州区，内蒙古自治区包头市、阿尔山市，吉林省延边朝鲜族自治州，黑龙江省依兰县，浙江省衢州市、安吉县、丽水市，福建省三明市、龙岩市、南平市，江西省万年县，广东省韶关市，贵州省毕节市，云南省宁洱县，陕西省咸阳市，青海省果洛州，宁夏回族自治区固原市。

21 个国有林场森林碳汇试点分别为：北京市十三陵林场、河北省塞罕坝机械林场、山西省梁家油坊中心林场、辽宁清原满族自治县单湾甸子镇实验林场、黑龙江哈尔滨丹清河林场、江苏省盐城林场、安徽省霍邱县西山林场、山东省泰安市徂徕山林场、湖北省太子山林场、湖南省永州市江华林场、广西壮族自治区南宁高峰林场、重庆市永川区国有林场、四川省洪雅县国有林场、甘肃省小陇山国有林场、新疆维吾尔自治区天山西部国有林管理局巩留分局、吉林森工白石山林业有限公司、长白山森工大兴沟林业有限公司柳婷林场、龙江森工林口林业局、伊春森工上甘岭林业局溪水林场分公司、大兴安岭集团图强林业局、中林集团雷州林业局有限公司。

14.2　中国碳汇市场交易类型及其市场规模

根据碳抵消产生方式和机制管理方式，可将碳抵消机制分为国际性碳抵消机制、独立碳抵消机制及区域、国家和地方碳抵消机制 3 类。根据世界银行《碳定价机制发展现状与未来趋势 2021》数据，2020 年 4 月 1 日—2021 年 4 月 1 日，26 个碳抵消机制签发碳减排量合计 3.6 亿吨，不同的碳抵消机制所覆盖的行业有所不同，共有 19 个抵消机制林业碳汇行业，占据全球总量的 73%，位列所有行业第一位。目前，我国林业碳汇交易都属于项目层面的核证减排量交易，项目类型主要有 3 种：一是 CDM 下的林业碳汇项目；二是 CCER 下的林业碳汇项目；三是其他自愿类项目，包括 VCS 项目、贵州单株碳汇扶贫项目等。

14.2.1　国际性碳抵消机制

我国共有 5 个林业碳汇 CDM 项目成功注册备案。截至 2021 年 4 月 1 日，全球共成功注册备案 66 个林业碳汇项目，而 CDM 项目达 8415 个，林业碳汇占比不足 1%。从地区分布看，林业碳汇 CDM 注册备案项目主要分布在印度、哥伦比亚、乌干达等地，前三大地区占比达 52%，我国成功注册 5 个林业碳汇项目，从类型分布看，再造林项目达 51 个，占林业碳汇 CDM 注册备案项目总数的 77%。

截至 2021 年 6 月底，GS 机制中林业碳汇项目不多，状态为 GS 认证设计（Gold Standard Certified Design）以及 GS 认证计划（Gold Standard Certified Project）的林业碳汇项目有 21 个，项目个数占比 1.42%。其中，我国有 3 个林业碳汇 GS 项目已成功备案（状态为 Gold Standard Certified Design）。

GS 机制下的交易活跃度较低，成交均价基本稳定在 12～16 美元 / 吨。截至 2022 年 12 月 30 日，注册项目总计 2600 个，累计发放了 2.78 亿吨减排量，到期或注销的减排量有 0.88 亿吨；发放的减排量中，强制性减排量（CER）为 2872.63 万吨，自愿减排量（VER）为 14571.39 万吨。根据 EcoSecurities 2020 年 4 月—2021 年 5 月 VER 的交易量数据统计，累计交易量为 10.10 万吨，月均交易量为 7213.86 吨，活跃度较低；在价格方面，交易均价为 14.10 美元 / 吨，均价基本稳定在 12～16 美元 / 吨。

截至 2022 年 12 月 30 日，全球已注册 VCS 项目 1923 个，其中已签发项目 1556 个，已签发碳信用 10.45 亿吨 CO_2，到期或注销的碳信用 6.59 亿吨 CO_2，其中来自中国的项目共 880 个。农林 VCS 注册备案项目主要分布在中国、巴西、哥伦比亚、秘鲁、肯尼亚等地区，前五大地区占比 50.7%。其中，我国共有 366 个农林碳汇 VCS 项目成功注册备案，共签发碳信用 441.5 万个，占比排第一位。

14.2.2 国内碳抵消机制

14.2.2.1 我国核证减排量项目

林业碳汇作为自愿减排的明确方向之一，未来受益 CCER 重启。CCER 是指依据国家发改委发布施行的《温室气体自愿减排交易管理暂行办法》，经其备案并在国家注册登记系统中登记的温室气体自愿减排量。2011 年，国家发改委发布《关于开展碳排放权交易试点工作的通知》，批准 7 省市开展碳交易试点工作；2012 年《温室气体自愿减排交易管理暂行办法》出台，明确备案核证后的 CCER 项目可参与碳交易；2017 年 3 月，发改委暂缓受理温室气体自愿减排交易方法学、项目、减排量、审定与核证机构、交易机构备案申请；2020 年 12 月，《碳排放权交易管理暂行办法（试行）》提出，重点排放单位每年可使用国家核证自愿减排量抵消碳排放配额的清缴，抵消比例不得超过应清缴碳排放配额的 5%，CCER 明确纳入全国碳交易市场；2021 年 3 月，生态环境部出台《碳排放权交易管理暂行条例（草案修改稿）》（征求意见稿），指出可再生能源、林业碳汇、甲烷利用等项目的实施单位可以申请国务院生态环境主管部门组织对其项目产生的温室气体削减排放量进行核证。暂行条例重新纳入自愿减排核证机制，温室气体自愿减排交易管理办法有望修订，相关方法学、项目等将重新开启申请审核，为后续全国碳交易市场提供有效补充。林业碳汇作为明确纳入 CCER 的方向之一，林业在 CCER 市场重新开启后将迎来新的发展机遇。

CCER 项目可来源于可再生能源、农林行业、工业、建筑等领域。目前各碳试点都将 CCER 作为排放配额的抵消标的，规定 1 吨 CCER 可抵 1 吨配额。但是考虑到 CCER 交易对配额交易市场的冲击和地方保护等，各试点碳市场对 CCER 用于配额抵消设立了不同的限制条件，抵消比例大多为 5%～10%，且对 CCER 项目的归属地、项目类型和开发时间均有要求，具体如表 14.1 所示。

表 14.1　各试点碳市场 CCER 相关规定

试点市场	交易平台	CCER 抵消比例	其他抵消条件	除 CCER 外其他抵消条件
北京	北京环境交易所	不超过 5%	本市内项目至少占 50%	北京林业碳汇
上海	上海环境能源交易所	不超过 1%	2013 年 1 月 1 日后非水电类	—
广州	广州碳排放交易所	不超过 10%	本市内项目至少占 70%	碳普惠核证自愿减排量
深圳	深圳碳排放交易所	不超过 10%	本市内项目	—
天津	天津排放权交易所	不超过 10%	—	—
湖北	湖北碳排放权交易所	不超过 10%	本省内项目	—
重庆	重庆碳排放权交易所	不超过 8%	本市内项目	—
福建	海峡股权交易中心	不超过 5%	本省内非水电项目	福建林业碳汇

我国 CCER 机制下林业碳汇交易量占比为 0.74%，林业碳汇减排量获得国家发改委签发的林业碳汇 CCER 项目核证后，可以通过我国碳交易试点交易所进行自由买卖。数据显示，截至 2020 年年底，全国 9 个 CCER 交易市场累计成交 2.70 亿吨，其中林业碳汇 CCER 交易量约 200 万吨，占比为 0.74%。北京环境交易所、福建海峡股权交易中心、广州碳排放交易所分别推出了北京林业碳汇（BCER）、福建林业碳汇（FFCER）与广东省碳普惠核证自愿减排量（PHCER）产品。

14.2.2.2　福建林业碳汇抵消机制

福建省作为国内森林覆盖率最高的省份，2017 年印发《福建省林业碳汇交易试点方案》，选择顺昌、永安、长汀、德化、华安、霞浦、洋口国有林场、五一国有林场等 20 个县（市、区）、林场开展林业碳汇交易试点，每个试点开发 1 个以上林业碳汇项目，全省完成试点面积 50 万亩以上、新增碳汇量 100 万吨以上。"十三五"期间，福建省力争实施林业碳汇林面积 200 万亩，年新增碳汇量 100 万吨以上。项目类型主要包含碳汇造林、森林经营碳汇、竹林经营碳汇项目，核证后的 FFCER 可在福建试点碳市场进行交易。截至目前，福建省林业局和福建省生态环境厅已备案 5 批共计 20 个项目，备案减排量共计 290.69 万吨。截至 2021 年 5 月 31 日，FFCER 累计成交 275.35 万吨，成交金额 4055.06 万元。

14.2.2.3 广东碳普惠抵消信用机制

2015 年，广东省发布《广东省碳普惠制试点工作实施方案》，决定在广东省内组织开展碳普惠制试点工作。2016 年 1 月，广州、东莞、中山、惠州、韶关、河源等 6 个城市纳入首批碳普惠制试点地区，试点期为 3 年。2017 年 4 月，广东省发改委发布《关于碳普惠制核证减排量管理的暂行办法》，指出纳入广东省碳普惠制试点地区的相关企业或个人自愿参与实施的减少温室气体排放和增加绿色碳汇等低碳行为所产生的 PHCER，将正式允许接入碳交易市场。省级 PHCER 作为碳排放权交易市场的有效补充机制，原则上等同于本省产生的 CCER，可用于抵消纳入碳市场范围内控排企业的实际碳排放。2017 年先后发布森林保护、森林经营等 5 个碳普惠方法学。

2018 年 8 月，为进一步深化碳普惠制试点工作的思路及完善碳普惠制核证减排量相应管理制度，广东省暂停受理省级碳普惠核证减排量备案申请。2019 年 5 月，广东省生态环境厅宣布恢复受理省级碳普惠核证减排量备案申请工作，同时更新 5 个相关方法学。

14.2.2.4 北京林业碳汇抵消机制

2013 年北京碳排放权交易正式上线，林业碳汇作为抵消机制纳入其中。2014 年北京市发改委和园林绿化局联合印发《北京市碳排放权抵消管理办法（试行）》，指出可用于重点排放单位进行抵消的林业碳汇项目须是来自北京市辖区内的碳汇造林项目（2005 年 2 月 16 日后的无林地）和森林经营碳汇项目（2005 年 2 月 16 后开始实施），同时对土地具备使用权或所有权。北京林业碳汇项目主要包含 CCER、BCER、北京碳汇基金项目、义务植树购碳履责项目等。核证过的林业碳汇项目经市发改委、园林绿化局审定认可后，可预签获得 60% 的核证减排量用于碳交易，在获得国家发改委备案的核证自愿减排量后，将与预签发减排量等量的核证自愿减排量从其项目减排账户转移到其在本市的抵消账户。

目前，我国林业碳汇项目可参与国际性（CDM）、独立性（VCS、GS）、区域性（CCER、CGCF、FFCER、PHCER、BCER）林业碳汇抵消机制碳交易，不同的抵消机制对于碳汇项目类别、土地合格性要求、可交易范围都有所不同（表 14.2）。

表 14.2　不同林业碳汇项目对比

项目类型	启动时间	发起者	实施范围	实施类别	土地合格性要求	签发时长
CDM	2001	联合国气候框架公约	全球	造林 / 再造林	造林：50 年以来的无林地；再造林：1989 年前的无林地	5 年左右
VCS	2006	国家碳排放交易协会、世界经济论坛及气候组织	全球	减少毁林和森林退化造林、改进森林管理、再造林和森林恢复	减少毁林和森林退化造林：项目开始前十年内的无林地；再造林和森林恢复：项目开始前至少十年符合森林的资格	2～5 年
GS	2003	世界自然基金会、其他非政府国际组织	全球	造林 / 再造林	项目开始前 10 年为无林地	2～5 年
CCER	2013	国家发改委	中国	碳汇造林、竹子造林、森林经营、竹林经营	碳汇造林：2005 年 2 月 16 日以来的无林地；森林经营：人工中、幼龄林	1～3 年
CGCF	2010	中国绿色碳汇基金会	中国	碳汇造林、竹子造林、森林经营、竹林经营	造林：至少自 2000 年 1 月 1 日以来是无林地，特殊情况下可放宽到 2005 年 1 月 1 日以前；森林经营：人工中、幼龄林	1～3 年
FFCER	2016	福建省发改委	福建	森林经营、竹林经营、碳汇造林	碳汇造林：2005 年 2 月 16 日以来的无林地；森林经营：人工中、幼龄林	1 年左右
PHCER	2017	广东省发改委	广东	森林经营、森林保护	森林保护：林种为生态公益林的林地；森林经营：人工中、幼龄林	1 年左右
BCER	2014	北京市发展改革委	北京	碳汇造林、森林	碳汇造林：2005 年 2 月 16 日以来的无林地	1 年左右

14.3　中国碳汇市场面临的主要挑战及治理

预计到 2030 年，全国森林覆盖率将达到 25%，蓄积量达到 208.9 亿立方米，森林碳汇量增加至 382.3 亿吨，这意味着中国将成为世界最大新增森林蓄积量及碳汇量的国家。按照当前碳汇量 30 元 / 吨计算，到 2030 年全国碳汇价值规模超过 1 万亿。然而，林业碳汇的大规模发展面临着多种制约因素，已成为万亿市场发展壮大的严重阻碍。

14.3.1　面临的挑战和不足

14.3.1.1　部门权责交错不清晰

CCER 市场开展初期，市场运行基本延续原 CDM 机制框架，林业 CCER 项目主要有碳汇造林项目和森林经营项目两类，项目方法学、核证审定所涉及的部门包括国家发改委、国务院法制办、国家林草局、生态环境部等。各部门对项目开展均具有各自的见解和交叉工作，不可避免地出现各种掣肘。虽然国家发改委在 2012 年出台《温室气体自愿减排交易管理暂行办法》，并发布了大量 CCER 方法学，但项目开发的核证机构、方法学等管理规定仍然存在漏洞，需要进一步补充完善、及时修订有关条款，这就需要协调多个部门，以确保林业碳汇项目顺利开展。

14.3.1.2　林业碳汇交易不规范

由于碳配额的管理宽松，致使在我国碳市场中碳配额的交易热度远远高于 CCER。另外，各试点对于 CCER 的抵消比例是设置上限的，限制了市场的进一步扩大。以 2016 年的交易为例，全国 CCER 项目总计抵消不到 800 万吨 CO_2，不到碳配额市场比例的 1%，相较于各试点所设置的 5% 抵消比例是明显偏低的，市场余量还很多。在供给侧改革的背景下，落后产能被逐渐淘汰，有色、造纸、电力等传统高碳产业发展受限，进一步导致 CCER 市场需求下降。国家对 CCER 的重视程度一直不够，国家发改委从 2017 年暂停 CCER 的备案与签发后，影响了林业碳汇的发展。

14.3.1.3　碳汇价格偏低，有效供给不足

我国 CCER 市场开始于 2012 年，运行了 5 年时间，CCER 价格长期在 20～30 元/吨，最近有所上升，为 50 元/吨左右。碳汇价格偏低，造成林业碳汇项目收益回报低，缺乏有效经济激励，甚至造成一些林业碳汇项目经营开发成本远高于其收入，影响了总体项目供给。

14.3.1.4　林业碳汇交易品种和补偿机制相对单一

目前已备案的 CCER 林业碳汇项目方法学中，应用造林碳汇项目方法学开发的项目居首，其次是森林经营类项目；竹林碳汇虽然已有方法学，但已开发的项目量很少，与 REDD+5 项林业减缓气候变化活动相比，未包括减排行动、森林保护行动等增汇减排内容。天然林次生林经营方法学也仅是探讨研究，并未发布。此外，国内外还广泛关注湿地和草地碳汇项目，但目前还缺少成熟的方法学，需要加快推进方法学和相关配套方法的制定。同时，林业碳汇收益除市场机制外，还缺少其他多元化补偿机制。

14.4.1.5　项目短期内获益难

林木是按自然规律逐渐生长的，碳汇量是随着林木生长而逐渐积累的，且单

位面积产生的碳汇量通常较小。因此林业碳汇项目减排量核查期或签发期比其他领域减排项目都长。

14.3.1.6 林业碳汇交易成本和风险高

从交易费用理论来看，现有政策下的林业碳汇交易具有资产专用性高、不确定性大、交易频率低三大特点，造成林业碳汇交易成本高于其他 CCER 项目。林业碳汇项目从开发到终结投入的高专用性资产无法改作其他用途，使得资产成本中包含部分或全部"不可挽救成本"或"沉没成本"。相关研究显示，一般林业碳汇项目在 1 个签发周期内会产生 35 万 ～ 65 万元的总成本，其中包括项目设计和审定的成本，以及每次签发时的监测和核证成本。其次，林业碳汇项目计入期最短 20 年、最长 60 年，这意味着项目周期越长，面临的政策、市场和自然灾害等风险或不确定性越高。最后，从整个项目周期来看，只有定期开展了监测、核证和签发后才能交易，因此林业碳汇交易频率相对偏低，较低的交易频率无法及时带来收益以弥补前期的开发成本。

14.3.2 碳汇市场治理

14.3.2.1 明确碳汇的法律地位，清晰界定碳汇交易的范围和对象

在我国，林业碳汇项目可明确纳入 CCER 参与碳交易。当前，林业碳汇交易存在的首要问题是全国尚无一部专门规定林业碳汇交易的法律法规，仅依靠《清洁发展机制项目运行管理办法》《温室气体自愿减排交易管理暂行办法》《碳排放权交易管理暂行办法》等几项部门规章指导和规范全国林业碳汇交易，存在系统性、权威性、技术性、可操作性不足等问题。需要进一步立法明确碳汇的法律地位，处理好碳汇的计量与认定问题、碳汇所有权及其与林木产权的关系、碳汇交易的主体与客体及其关系、碳汇交易自愿市场的准入与退出机制、碳汇配额市场与项目市场的关系、碳汇国内市场与国际市场的关系、碳汇金融及其衍生品的规范应用，等等。鉴于林业在应对气候变化中的独特作用，建议在整体制度设计时更加灵活地考虑林业碳汇项目，形成完善的计量、监测、核查和监管制度；研究碳排放权交易体系与碳税、电改等其他能源气候政策的融合机制，完善市场机制设计和相关政策制定；建立基于市场的林业碳汇管理机制，明确规定林草行业主管部门的责任、义务和权力，积极参与林业碳汇开发交易工作。

14.3.2.2 重启 CCER 自愿碳汇交易市场，打造中国碳交易标准体系

从哥本哈根气候大会到《巴黎协定》，减排承诺由强制性机制变为自愿性机制，气候变化谈判的原则已经发生变化。CDM 项目只是诸多交易机制的一种，虽然现阶段在项目交易中具有权威性的标准，但各国间真正的标准竞争在各自市场成熟稳定

后才会逐渐展开，提出中国的标准体系是关键。建议在国内（配额）强制碳市场进入稳定期后，尽快重启 CCER 自愿碳汇交易市场，创新交易机制，及早建立中国自己的碳交易标准体系。同时，将林业碳汇交易机制与集体林权制度改革、森林采伐制度改革有机结合、协同推进。根据绿色发展的愿景目标，结合碳汇市场交易的实际情况，必要时可以突破 CCER 规定的 5% 上限，政府也可以使用 CDM 基金或设立新的碳中和基金直接参与碳市场交易，或者发行碳债券、购买碳证，以防止碳价下跌。同时，积极鼓励更多的自愿减排，打通绿水青山就是金山银山的实现路径。

14.3.2.3 建立林业碳汇多元化补偿和投入模式，探索不同区域、不同部门之间的生态补偿机制

进一步丰富林业碳汇项目，除了 CCER 现有的 4 个林业方法学和 1 个草原方法学外，建议开发适应性更广的林业碳汇项目类型或林业碳信用产品方法学，鼓励加快制定森林保护减排法学，为林业碳汇项目或林业碳信用的开发提供政策和技术支持，丰富碳市场产品。研究制定基于林业碳汇交易的生态补偿办法，鼓励更多人通过林业措施实施低碳行动，开发多种形式的碳中和项目，实施多元化补偿机制。

碳排放权交易下的林业碳汇交易是一项全新的工作，是利用市场机制拓展林业融资渠道的重要途径和促进实现国家控制温室气体排放目标的重要手段，是加强生态文明制度建设的内在要求。在发展过程中，尤其是初级阶段，建议政府对林业碳汇项目开发与交易给予财政支持。同时，探索绿色金融相关政策，建立健全林业碳汇金融支持体系，将林业减排增汇项目纳入国家气候投融资项目库，研究林业碳信用系列金融产品，引导资源流向林业碳汇领域，在碳汇预期收益权质押贷款、碳票、债券、基金等方面为林业碳汇项目提供投融资、项目运营、风险管理等金融服务，激励更多市场主体参与林业碳汇事业。

14.3.2.4 鼓励企业利用数字信息技术等开展灵活多样的碳汇公益活动，探索政府和社会力量合作开展碳汇林业的新模式

互联网技术在节能减排和控制温室气体方面具有重要作用。目前，碳汇的交易模式主要针对有排放需求的企业。随着移动互联网的发展，在共享概念的指引下，如果碳汇交易下沉到个人，必将促发巨大的碳汇交易需求。如果个人碳汇交易得以实现，蕴藏的流量不可估量。简单而言，即建立个人碳账户，通过互联网连接方式让个人的碳减排行为可衡量、可累计，然后将个人累积的碳减排量放至碳市场甚至国际市场进行交易。个人获得经济收益的同时，还可将所获收益进行捐赠，或用以支付植树造林的费用，最终实现个人绿色出行的碳减排收益与扶贫、环保的完美结合。

在我国林业碳汇发展进程中，林业企业、集体或林农都面临投入成本过高、

沉没成本过大、资金链易于断裂等风险。鉴于林业碳汇兼具公益效益与经济效益的双重属性，融入社会资本的公共私营合作制（Public-Private-Partnership，PPP）模式将是助力林业碳汇融资机制形成的有效运作模式，有助于林业现代化发展与林农、林业企业的风险防范、增产增收。碳汇项目以绿色发展为基础，大力发展绿色金融，探索 PPP+ 担保、PPP+ 信托 + 基金、PPP+ 绿色证券、PPP+ 再保险等形式，有助于"双碳"目标的实现。

参考文献

[1] Alongi DM. Carbon sequestration in mangrove forests. Carbon Management，2012，3（3）：313–322.

[2] Boyd PW，Claustre H，Levy M，*et al.* Multifaceted particle pumps drive carbon sequestration in the ocean. Nature，2019，568（7752）：327–335.

[3] Buffam I，Turner MG，Desai A，*et al.* Integrating aquatic and terrestrial components to construct a complete carbon budget for a north temperate lake district. Global Change Biology，2011，17：1193–1211.

[4] Cai WX，He NP，Li MX，*et al.* Carbon sequestration of Chinese forests from 2010 to 2060：spatiotemporal dynamics and its regulatory strategies. Science Bulletin，2022，67（8）：836–843.

[5] Canadell JG，Schulze E. Global potential of biospheric carbon management for climate mitigation. Nature Communications，2014，5：5282.

[6] Downie C，Drahos P. US institutional pathways to clean coal and shale gas：lessons for China，Climate Policy，2017，17（2）：246–260.

[7] Elferjani R，DesRochers A，Tremblay F. Effects of mixing clones on hybrid poplar productivity，photosynthesis and root development in northeastern Canadian plantations. Forestry Ecological Management，2014，327：157–166.

[8] Fan JL，Xu M，Wei SJ，*et al.* Carbon reduction potential of China's coal-fired power plants based on a CCUS source-sink matching model. Resources，Conservation and Recycling，2020，168：105320.

[9] Fang JY，Chen AP，Peng CH，*et al.* Changes in forest biomass carbon storage in China between 1949 and 1998. Science，2001，292（5525）：2320–2322.

[10] Fang JY，Yu GR，Liu LL，*et al.* Climate change，human impacts，and carbon sequestration in China. Proceedings of the National Academy of Sciences of the United States of America，2018，115（16）：4015–4020.

[11] Friedlingstein P，O'Sullivan M，Jones MW，*et al.* Global Carbon Budget. Earth Science Data，2020，12（4）：3269–3340.

［12］Fu CC，Li Y，Zeng L，*et al*.. Stocks and losses of soil organic carbon from Chinese Vegetated Coastal Habitats. Global Change Biology，2021，27（1）：202-214.

［13］Guy J，Shears E，Meckling J. National models of climate governance among major emitters. Nature Climate Chang，2023，13：189-195.

［14］Harrington RA，Fownes JH，Vitousek PM. Production and resource use efficiencies in N-and P-limited tropical forests：a comparison of responses to long-term fertilization. Ecosystems，2001，4（7）：646-657.

［15］Herr D，Blum J，Himes-Cornell，*et al*. An analysis of the potential positive and negative livelihood impacts of coastal carbon offset projects. Environment.Management，2019，235：463-479.

［16］Hu HF，Wang SP，Guo ZD，*et al*. The stage-classified matrix models project a significant increase in biomass carbon stocks in China's forests between 2005 and 2050. Scientific Reports，2015，5：11203.

［17］Jia X，Zha TS，Wu B，*et al*. Biophysical controls on net ecosystem CO_2 exchange over a semiarid shrubland in northwest China，Biogeosciences，2014，11：4679-4693.

［18］Jiang K，Ashworth P，Zhang S，*et al*. China's carbon capture，utilization and storage（CCUS）policy：a critical review. Renewable and Sustainable Energy Reviews，2019，119：109601.

［19］Li HW，Wu YP，Liu SG，*et al*. Decipher soil organic carbon dynamics and driving forces across China using machine learning. Global Change Biology，2022，28（10）：3394-3410.

［20］Li P，Zhu J，Hu H，*et al*. The relative contributions of forest growth and areal expansion to forest biomass carbon. Biogeosciences，2016，13（2）：375-388.

［21］Li Q，Chen ZA，Zhang JT，*et al*. Positioning and revision of CCUS technology development in China. International Journal of Greenhouse Gas Control，2016，46：282-293.

［22］Lu N，Tian HQ，Fu BJ，*et al*. Biophysical and economic constraints on China's natural climate solutions. Nature Climate Change，2022，12（9）：847-853.

［23］Lui LC，Leamon G. Developments towards environmental regulation of CCUS projects in China. Energy Procedia，2014，63：6903-6911.

［24］Luyssaert S，Schulze ED，Börner A，*et al*. Old-growth forests as global carbon sinks. Nature，2008，455（7210）：213-215.

［25］Ma J，Liu R，Tang LS，*et al*. A downward CO_2 flux seems to have nowhere to go. Biogeosciences，2014，11：6251-6262

［26］Macreadie PI，Anton A，Raven JA，*et al*. The future of Blue Carbon science. Nature Communications，2019，10：3998.

［27］Mayer M，Prescott CE，Abker WEA，*et al*. Tamm review：influence of forest management activities on soil organic carbon stocks：a knowledge synthesis. Forestry Ecological Management，2020，466：118127.

［28］Noormets A，Epron D，Domec JC，*et al.*. Effects of forest management on productivity and carbon sequestration：a review and hypothesis. Forestry Ecological Management，2015，355：124–140.

［29］Pan Y，Birdsey RA，Fang J，*et al.* A large and persistent carbon sink in the world's forests. Science，2011，333（6045）：988LP–993LP.

［30］Piao SL，Fang JY，Ciais P，*et al.* The carbon balance of terrestrial ecosystems in China. Nature，2009，458（7241）：1009–1013.

［31］Piao SL，He Y，Wang XH，*et al.* Estimation of China's terrestrial ecosystem carbon sink：Methods，progress and prospects. Science China Earth Sciences，2022，65（4）：641–651.

［32］Potapov P，Matthew HC，Lars L，*et al.* The last frontiers of wilderness：tracking loss of intact forest landscapes from 2000 to 2013. Science Advances，2017，3（1）：e1600821.

［33］Pukkala T. Optimal nitrogen fertilization of boreal conifer forest. Forestry Ecosystem，2017，4（1）：1–10.

［34］Qin Z C，Griscom B，Huang Y，*et al.* Delayed impact of natural climate solutions. Global Change Biology，2021，27（2）：215–217.

［35］Qiu ZX，Feng ZK，Song YN，*et al.* Carbon sequestration potential of forest vegetation in China from 2003 to 2050：predicting forest vegetation growth based on climate and the environment. Journal of Cleaner Production，2020，252：119715.

［36］Shields MR，Bianchi TS，Mohrig D，*et al.* Carbon storage in the Mississippi River delta enhanced by environmental engineering. Nature Geoscience，2017，10：846–851.

［37］Tang H，Zhang S，Chen W. Assessing representative CCUS layouts for China's power sector toward carbon neutrality. Environmental Science & Technology，2021，55：11225–11235.

［38］Wang J，Feng L，Palmer P I，*et al.* Large Chinese land carbon sink estimated from atmospheric carbon dioxide data. Nature，2020，586（7831）：720–723.

［39］Wang K，Bastos A，Ciais P，*et al.* Regional and seasonal partitioning of water and temperature controls on global land carbon uptake variability. Nature Communications，2022，13（1）：3469.

［40］Wang WQ，Wang C，Ssrdans J，*et al.* Flood regime affects soil stoichiometry and the distribution of the invasive plants in subtropical estuarine wetlands in China. Catena，2015，128：144–154.

［41］Wei N，Jiao ZS，Ellett K，*et al.* Decarbonizing the coal–fired power sector in China via carbon capture，geological utilization，and storage technology. Environmental Science and Technology，2021b，55（19）：13164–13173.

［42］Xiao D，Deng L，Kim DG，*et al.* Carbon budgets of wetland ecosystems in China. Global Change Biology，2019，25：2061–2076.

［43］Xie ZB，Zhu JG，Liu G，*et al.* Soil organic carbon stocks in China and changes from 1980s to 2000s. Global Change Biology，2007，13（9）：1989–2007.

［44］Yang L，Xu M，Yang Y，*et al.* Comparison of subsidy schemes for carbon capture utilization and storage（CCUS）investment based on real option approach：evidence from China. Applied Energy，

2019，255：113828.

［45］ Yang XH, Yang F, Zhou CL, *et al.* Improved parameterization for effect of soil moisture on threshold friction velocity for saltation activity based on observations in the Taklimakan Desert. Geoderma, 2020, 369：114322

［46］ Yang YH, Li P, Ding JZ, *et al.* Increased topsoil carbon stock across China's forests. Global Change Biology, 2014, 20（8）：2687–2696.

［47］ Yao YT, Piao SL, Wang T. Future biomass carbon sequestration capacity of Chinese forests. Science Bulletin, 2018, 63（17）：1108–1117.

［48］ Zhang L, Sun PS, Huettmann F, *et al.* Where should China practice forestry in a warming world? Global Change Biology, 2022, 28（7）：2461–2475.

［49］ Zhang LY, Sun YK, Song TY, *et al.* Harvested wood products as a carbon sink in China, 1900–2016. International Journal of Environmental Research and Public Health, 2019, 16（3）：445.

［50］ Zhang S, Lu X, Zhang Y, *et al.* Estimation of soil organic matter, total nitrogen and total carbon in sustainable coastal wetlands. Sustainability, 2019, 11：667.

［51］ Zhang XB, Yang HQ, Chen JX. Life-cycle carbon budget of China's harvested wood products in 1900–2015. Forest Policy and Economics, 2018, 92：181–192.

［52］ Zhang YC, Piao S, Sun Y, *et al.* Future reversal of warming-enhanced vegetation productivity in the Northern Hemisphere. Nature Climate Change, 2022, 12（6）：581–586.

［53］ Zhou D, Zhao SQ, Liu S, *et al.* A meta-analysis on the impacts of partial cutting on forest structure and carbon storage. Biogeosciences, 2013, 10（6）：3691.

［54］ Zhu J, Hu H, Tao S, *et al.* Carbon stocks and changes of dead organic matter in China's forests. Nature Communications, 2017, 8：151.

［55］ Zhu ZC, Piao SL, Myneni RB, *et al.* Greening of the Earth and its drivers. Nature Climate Change, 2016, 6（8）：791–795.

［56］ 曾诗鸿，李璠，翁智雄，等. 我国碳交易试点政策的减排效应及地区差异［J］. 中国环境科学，2022，42（4）：1922-1933.

［57］ 陈兵，肖红亮，李景明，等. 二氧化碳捕集，利用与封存研究进展［J］. 应用化工，2018，47（3）：4.

［58］ 陈小刚，李凌，杜金洲. 红树林和盐沼湿地间隙水交换过程及其碳汇潜力［J］. 地球科学进展，2022，37（9）：881-898.

［59］ 崔丽娟，马琼芳，宋洪涛，等. 湿地生态系统碳储量估算方法综述［J］. 生态学杂志，2012，31（10）：2673-2680.

［60］ 崔璐，杜华强，周国模，等. 决策树结合混合像元分解的中国竹林遥感信息提取［J］. 遥感学报，2019，23（1）：166-176.

［61］ 邓海峰，尹瑞龙. 碳中和愿景下我国碳排放权交易的功能与制度构造研究［J］. 北方法学，2022，16（2）：5-15.

［62］杜华强，周国模，徐小军. 竹林生物量碳储量遥感定量估算［M］. 科学出版社，北京，2012.

［63］樊杰，王红兵，周道静，等. 优化生态建设布局提升固碳能力的政策途径［J］. 中国科学院院刊，2022，37（4）：459-468.

［64］方精云. 碳中和的生态学透视. 植物生态学报［J］. 2021，45（11）：1173-1176.

［65］丰镇平，赵航，张汉桢，等. 超临界二氧化碳动力循环系统及关键部件研究进展［J］. 热力透平，2016，45（2）：10.

［66］傅伯杰. 国土空间生态修复亟待把握的几个要点［J］. 中国科学院院刊，2021，36（1）：64-69.

［67］高帅，李梦宇，段茂盛，等.《巴黎协定》下的国际碳市场机制：基本形式和前景展望［J］. 气候变化研究进展，2019，15（3）：10.

［68］辜晨，贾晓红，吴波，等. 高寒沙区生物土壤结皮覆盖土壤碳通量对模拟降水的响应［J］. 生态学报，2017，37（13）：4423-4433.

［69］国家林业和草原局. 中国森林资源报告（2014—2018）［M］. 北京：中国林业出版社，2019.

［70］国务院发展研究中心课题组，刘世锦，张永生. 全球温室气体减排：理论框架和解决方案［J］. 经济研究，2009，44（3）：4-13.

［71］韩广轩，王法明，马俊，等. 滨海盐沼湿地蓝色碳汇功能、形成机制及其增汇潜力［J］. 植物生态学报，2022，46（4）：373-382.

［72］黄晶，陈其针，仲平，等. 中国碳捕集利用与封存技术评估报告［M］. 科学出版社，北京，2021.

［73］贾晓红，辜晨，吴波，等. 干旱沙区生物土壤结皮覆盖土壤 CO_2 通量对脉冲式降雨的响应［J］. 中国沙漠，2016，36（2）：423-432.

［74］李奇，朱建华，冯源，等. 中国森林乔木林碳储量及其固碳潜力预测［J］. 气候变化研究进展，2018，14（3）：287-294.

［75］刘汉武，黄锦鹏，张昊，等. 中国试点碳市场与国家碳市场衔接的挑战与对策［J］. 环境经济研究，2019，4（1）：123-130.

［76］刘珉，胡鞍钢. 中国打造世界最大林业碳汇市场（2020—2060年）［J］. 新疆师范大学学报（哲学社会科学版），2022，43（4）：89-103+2.

［77］刘牧心，梁希，林千果. 碳中和背景下中国碳捕集、利用与封存项目经济效益和风险评估研究［J］. 热力发电，2021，50（9）：18-26.

［78］鲁政委，粟晓春，钱立华，等. "碳中和"愿景下我国CCER市场发展研究［J］. 西南金融，2022，497（12）：3-16.

［79］陆霁. 国内外林业碳汇产权比较研究［J］. 林业经济，2014，36（2）：43-47.

［80］栾军伟，崔丽娟，宋洪涛，等. 国外湿地生态系统碳循环研究进展［J］. 湿地科学，2012，10（2）：235-242.

［81］牛玲. 碳汇生态产品价值的市场化实现路径［J］. 宏观经济管理，2020，（12）：37–42，62.

［82］潘瑞，沈月琴，杨虹，等. 中国森林碳汇需求研究［J］. 林业经济问题，2020，40（1）：14–20.

［83］彭红军，徐笑，俞小平. 林业碳汇产品价值实现路径综述［J］. 南京林业大学学报（自然科学版），2022，6：177–186.

［84］朴世龙，何悦，王旭辉，等. 中国陆地生态系统碳汇估算：方法、进展、展望［J］. 中国科学：地球科学，2022，52（6）：1010–1020.

［85］朴世龙，张新平，陈安平，等. 极端气候事件对陆地生态系统碳循环的影响［J］. 中国科学：地球科学，2019，49：1321–1334.

［86］齐绍洲. 碳市场经济学［M］. 北京：中国社会科学出版社，2021.

［87］唐剑武，叶属峰，陈雪初，等. 海岸带蓝碳的科学概念、研究方法以及在生态恢复中的应用［J］. 中国科学：地球科学，2018，48（6）：661–670.

［88］王法明，唐剑武，叶思源，等. 中国滨海湿地的蓝色碳汇功能及碳中和对策［J］. 中国科学院院刊，2021，36（3）：241–251.

［89］王高峰，秦积舜，孙伟善. 碳捕集、利用与封存案例分析与产业发展建议［M］. 北京：化学工业出版社，2020.

［90］王高峰，祝孝华，潘若生. CCUSEOR 实用技术［M］. 北京：石油工业出版社，2022.

［91］王光玉，李怒云，米锋. 全球碳市场进展热点与对策［M］. 北京：中国林业出版社，2018.

［92］王照成，晏双华. 碳捕集技术在燃气电厂中的应用［J］. 现代化工，2018，38（9）：195–197.

［93］王志，原野，生梦龙，等. 膜法碳捕集技术——研究现状及展望［J］. 化工进展，2022，41（3）：1097–1101.

［94］魏宁，刘胜男，李小春. 中国煤化工行业开展 CO_2 强化深部咸水开采技术的潜力评价［J］. 气候变化研究进展，2021，17（1）：70–78.

［95］翁智雄，马中，刘婷婷. 碳中和目标下中国碳市场的现状、挑战与对策［J］. 环境保护，2021，49（16）：18–22.

［96］谢和生，何亚婷，何友均. 我国林业碳汇交易现状、问题与政策建议［J］. 林草政策研究，2021，1（3）：1–9.

［97］杨元合，石岳，孙文娟，等. 中国及全球陆地生态系统碳源汇特征及其对碳中和的贡献［J］. 中国科学：生命科学，2022，52（4）：534–574.

［98］于贵瑞，朱剑兴，徐丽，等. 中国生态系统碳汇功能提升的技术途径：基于自然解决方案［J］. 中国科学院院刊，2022，37（4）：490–501.

［99］于天飞. 影响中国林业自愿碳市场稳健发展的几个问题分析［J］. 世界林业研究，2022，35（4）：1–7.

［100］张会儒，雷相东，张春雨，等. 森林质量评价及精准提升理论与技术研究［J］. 北京林业大学学报，2019，41（5）：1–18.

［101］张希良，张达，余润心. 中国特色全国碳市场设计理论与实践［J］. 管理世界，2021，37（8）：80-95.

［102］张贤，李阳，马乔，等. 我国碳捕集利用与封存技术发展研究［J］. 中国工程科学，2021，23（6），70-80.

［103］张小全，谢茜，曾楠. 基于自然的气候变化解决方案［J］. 气候变化研究进展，2020，16（3）：336-344.

［104］张逸如，刘晓彤，高文强，等. 天然林保护工程区近20年森林植被碳储量动态及碳汇（源）特征［J］. 生态学报，2021，41（13）：5093-5105.

［105］张颖，李晓格，温亚利. 碳达峰碳中和背景下中国森林碳汇潜力分析研究［J］. 北京林业大学学报，2022，44（1）：38-47.

［106］张煜星，王雪军. 全国森林蓄积生物量模型建立和碳变化研究［J］. 中国科学：生命科学，2021，51（2）：199-214.

［107］郑爽. 中国碳市场相关问题研究［M］. 北京：中国经济出版社，2019.

［108］周国模. 竹林生态系统碳汇计测与增汇技术［M］. 北京：科学出版社，2017.

［109］朱建华，田宇，李奇，等. 中国森林生态系统碳汇现状与潜力［J］. 生态学报，2023，43（9）：1-16.

［110］祝列克. 中国荒漠化和沙化动态研究［M］. 北京：中国农业出版社，2006.